# 画说
## 家装水电工
## 技能

HUASHUO JIAZHUANG
SHUIDIANGONG
JINENG

乔长君　席志佳　编 著

中国电力出版社
CHINA ELECTRIC POWER PRESS

## 内 容 提 要

本书精选大量彩色实景图片，将家装水电工基本知识、给水排水施工、室内配线、照明与家用电器的安装、电气安全等内容直观呈现，覆盖家装水电工所需的基础和实操技能知识。全书将繁复操作步步图解，方便读者边学边看边实践。

本书适合装饰装修水电工、物业水电工、建筑水电工及广大业主阅读参考，还可作为职业院校或培训学校水电专业的教材和参考读物。

**图书在版编目（CIP）数据**

画说家装水电工技能 / 乔长君，席志佳编著. —北京：中国电力出版社，2018.5
ISBN 978-7-5198-1707-7

Ⅰ.①画… Ⅱ.①乔… ②席… Ⅲ.①房屋建筑设备－给排水系统－建筑安装－图解②房屋建筑设备－电气设备－建筑安装－图解 Ⅳ.① TU82-64 ② TU85-64

中国版本图书馆 CIP 数据核字（2018）第 016320 号

出版发行：中国电力出版社
地　　址：北京市东城区北京站西街 19 号（邮政编码 100005）
网　　址：http://www.cepp.sgcc.com.cn
责任编辑：莫冰莹（010-63412526）
责任校对：王开云
装帧设计：赵姗姗
责任印制：杨晓东

印　　刷：北京博图彩色印刷有限公司
版　　次：2018 年 5 月第一版
印　　次：2018 年 5 月北京第一次印刷
开　　本：880 毫米×1230 毫米 32 开本
印　　张：6.75
字　　数：170 千字
印　　数：0001—3000 册
定　　价：45.00 元

**版权专有 侵权必究**

本书如有印装质量问题，我社发行部负责退换

前言

　　随着人民生活水平的提高，家庭装修的要求也越来越高。从事家装行业的人员也向知识多元化、技能多面化的方向发展，单一的水暖工、家装电工已经不能满足市场需要。只有掌握更多的家装技能，才能在实践中有所作为。为了帮助初学者尽快学习家装电工的基本技能，拓展知识面，快速胜任一般场合的家装操作，我们根据家装水电工初学者的特点和要求，结合家装水电工长期的一线实践经验，编写本书。

　　本书采用大量彩色实景图片，用画说的形式把常用知识与技能、给水排水施工、配电线路的安装、室内配线、照明与家用电器的安装、电气安全，共六个方面的内容清晰展现；用通俗的语言，把操作要点和注意事项精确概括，完整构建家装水电工必备的基本技能知识体系。全书内容精炼，注重实际，便于自学。

　　本书在编写模式上进行了较大的改革与尝试，具有以下特点：

　　（1）形式新。采用大量操作实例实景图片，步步图解，讲解简明清晰，读者可以边看边学边操作，步步模仿。

　　（2）实用性。内容选取上以实用、够用为原则，每章内容相对独立，便于读者有选择性地进行学习与实践。

　　（3）可读性强。本书言简意赅，图（表）文并茂，读者能够在短时间内快速掌握电工技能。

　　本书本着少而精的编写原则，突出技术实用性和通用性，在众多家装水电工技术书籍中独具特色。

　　本书由乔长君、席志佳编著，参加本书编写的还有王书宇、李东升、王岩柏、刘德忠、王岩、葛巨新、马军、罗利伟、朱家敏、于蕾、杨春林等。

　　由于编者水平有限，不足之处在所难免，敬请读者批评指正。

编者

# 目 录
CONTENTS

## 第 3 章　室内配线

## 第 4 章　照明与家用电器的安装

# 第 5 章  电气安全

# 第 1 章

## 家装水电工基本知识

# 1.1 常用工具

## 1.1.1 管道工常用工具的使用

### 1. 电动型材切割机

（1）电动型材切割机外形。

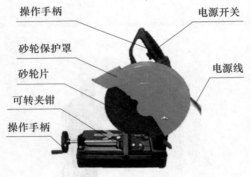

操作手柄　　　　电源开关

砂轮保护罩

砂轮片

可转夹钳

操作手柄

电源线

电动型材切割机外形

电动型材切割
机由电动机、可转
夹钳、增强树脂砂
轮片和砂轮保护
罩、操作手柄、电
源开关及电源连接
装置件等组成。

（2）电动型材切割机的使用。

调整角度
❶ 拧开可转夹钳螺栓，根据需切割工件的角度调整并紧固可转夹钳。

工件夹紧
❷ 将工件摆在可转夹钳钳口，放正放平，旋动操作手柄将工件夹紧。

切割
❸ 穿戴好防护用品，按下电源开关并向下按操作手柄，即可切断工件。

## 2. 手锯

（1）手锯外形。

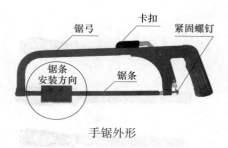

手锯外形

手锯由锯弓和锯条两部分组成。通常的锯条规格为300mm，其他还有200mm、250mm两种。锯条的锯齿有粗细之分，目前使用的齿距有0.8mm、1.0mm、1.4mm、1.8mm等几种。齿距小的细齿锯条适于加工硬材料、小尺寸工件及薄壁钢管等。

（2）手锯的使用。

放上锯条

❶ 放上锯条，拧紧螺钉，扳紧卡扣。

向上进锯法

❷ 将锯条对准切割线从下往上进锯。

向下进锯法

❸ 也可将锯条对准切割线从上往下进锯。由于向上进锯时锯齿接触面较大，所以该方式较为常用。

锯割

❹ 逐渐端平手锯，用力锯割。

反装锯条

❺ 如果锯缝深度超过锯弓高度，可以将锯条翻过来继续锯割，直到将工件锯掉。

### 3. 锉刀

（1）锉刀外形。

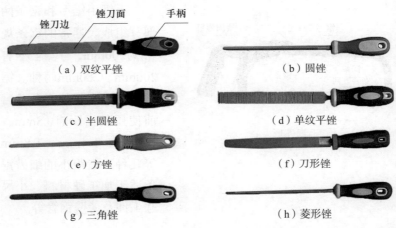

锉刀边　锉刀面　手柄

（a）双纹平锉

（b）圆锉

（c）半圆锉

（d）单纹平锉

（e）方锉

（f）刀形锉

（g）三角锉

（h）菱形锉

锉刀外形

　　锉刀按剖面形状分为扁锉（平锉）、圆锉、半圆锉、单纹平锉、方锉、刀形锉、三角锉和菱形锉等。平锉用来锉平面、外圆面和凸弧面；方锉用来锉方孔、长方孔和窄平面；三角锉用来锉内角、三角孔和平面；半圆锉用来锉凹弧面和平面；圆锉用来锉圆孔、半径较小的凹弧面和椭圆面。

（2）锉刀的握法。

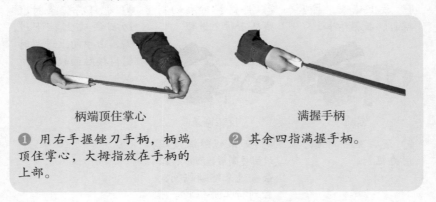

柄端顶住掌心

满握手柄

❶ 用右手握锉刀手柄，柄端顶住掌心，大拇指放在手柄的上部。

❷ 其余四指满握手柄。

（3）左手姿势。

握满刀头　　　　　　握住锉刀面　　　　　　压住锉刀面

❶ 大拇指搭在锉刀边上，其余四指满握刀头。

❷ 左手压住锉刀面。

❸ 左手手掌压住锉刀面。对于小型锉刀和什锦锉刀，不使用左手。

（4）平面的锉法。

顺向锉　　　　　　　交叉锉　　　　　　　推锉

❶ 顺向锉。顺向锉是最普通的锉削方法。对于不大的平面和最后锉光都采用这种方法。顺向锉可以得到正直的锉痕，比较整齐美观。

❷ 交叉锉。锉刀与工件的接触面增大，锉刀容易掌握平稳。同时，从锉痕上可以判断出锉削面的高低情况，因此容易把平面锉平。交叉锉进行到平面即将锉削完成之前，要改用顺向锉，使锉痕变为正直。

❸ 推锉。推锉一般用于锉削狭长平面，或用顺向锉推进受阻碍时使用。推锉不能充分发挥手的力量，同时切削效率不高，故只适宜在加工余量较小和修正尺寸时使用。

　　锉削时不论常用顺向锉还是交叉锉，为了使加工平面均匀地锉到，一般在每次抽回锉刀时都要向旁边略微移动。

　　4.管子钳

　　（1）管子钳外形。

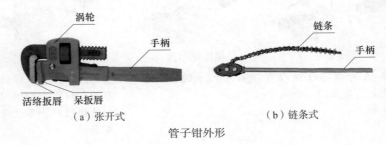

涡轮　　手柄

链条　　手柄

活络扳唇　呆扳唇

（a）张开式　　　　　　　　（b）链条式

管子钳外形

　　管子钳用来拧紧或松散电线管子上的束节或管螺母。

　　（2）管子钳的使用。

用管子钳卡住钢管，活扳手卡住螺母，两手向两侧扳，就可把螺帽扳下来。

管子钳使用方法

　　5.管子台虎钳

　　（1）管子台虎钳外形。

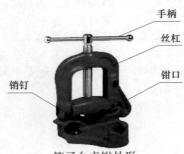

手柄

丝杠

钳口

销钉

管子台虎钳外形

　　管子台虎钳安装在钳工工作台上，用来夹紧以便锯切管子或对管子套制螺纹等。

（2）管子台虎钳的使用。

钳口上移

❶ 旋转手柄，使上钳口上移。

打开钳口

❷ 将台虎钳放正后打开钳口。

放入工件

❸ 将需要加工的工件放入钳口。

❹ 合上钳口，注意一定要扣牢。如果工件装夹不牢固，可旋转手柄，使上钳口下移，夹紧工件。

夹紧工件

6. 管子绞扳
（1）管子绞扳外形。

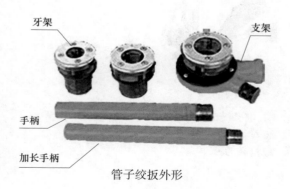

牙架

支架

手柄

加长手柄

管子绞扳外形

管子绞扳主要用于管子螺纹的制作，有轻型和重型两种。

（2）管子绞扳的使用。

**装入牙架**

❶ 将牙块按顺时针顺序装入牙架。

**紧固外罩**

❷ 拧紧牙架护罩螺钉。

**插入支架**

❸ 将牙架插入支架孔内。

**安装卡簧**

❹ 安装卡簧。

**套入钢管**

❺ 用一手扶着将牙架套入钢管，摆正后慢慢转动两圈。

**转动支架**

❻ 两手用力扳动手柄，以转动支架。

**滴入润滑油**

❼ 感到吃力时可以在丝扣上滴入少许润滑油。

**拧上加长手柄**

❽ 将加长手柄旋入继续转动，转至所需扣数为止。

7. 钢管割刀

（1）钢管割刀外形。

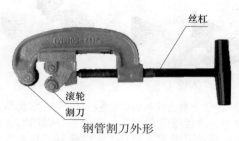

丝杠

滚轮

割刀

钢管割刀外形

钢管割刀是一种专门用来切割各种金属管子的工具。

（2）钢管割刀的使用。

切入钢管

旋转加力

❶ 将需要切割的管子固定在台虎钳上，将待割的管子卡入钢管割刀，旋动手柄，使刀片切入钢管。

❷ 做圆周运动进行切割，边切割边调整螺杆，使刀片在管子上的切口不断加深，直至把管子切断。

8. PVC管割刀

（1）PVC管割刀外形。

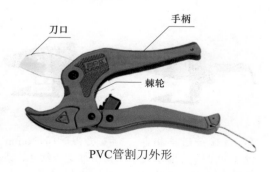

刀口

手柄

棘轮

PVC管割刀外形

PVC管割刀主要用于塑料管的切割。

（2）PVC管割刀的使用。

打开剪口
❶ 打开剪口。

入管
❷ 将管子垂直放入钳口中，应边缓慢转动管子边进行裁剪，使刀口易于切入管壁。

渐进加力剪断
❸ 刀口切入管壁后，应停止转动PVC管，继续裁剪，直至管子切断为止。

9. 热熔机

（1）热熔机外形。

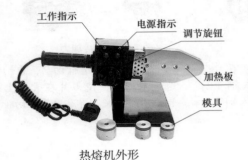

工作指示　电源指示　调节旋钮　加热板　模具

热熔机主要用于PVC管的连接。

热熔机外形

（2）热熔机的使用。

安装模具
❶ 使用热熔机时，先选择合适的加热模具，安装在机头上。

接通电源
❷ 接通普通单相电源（220V），指示灯亮时表示开始工作。

升温
❸ 升温时间约6min，指示灯变为红色，表示可以焊接。

加热　　　　　　　　取出　　　　　　　　焊接

❹ 做好熔焊深度及方向标记，无旋转地把管端、管件插入加热头，到规定标志处。

❺ 达到加热时间后，立即把管材与管件从加热套与加热头上同时取下。

❻ 迅速无旋转地直线均匀插入所标深度，使接头处形成均匀凸缘。

　　10. 电锤钻
　　（1）电锤钻外形。

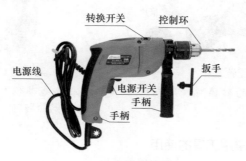

转换开关　　控制环

电源线

电源开关
手柄

扳手

手柄

电锤钻外形

（2）电锤钻的使用。

安装锤头　　　　　　　　对准打孔

❶ 根据膨胀螺栓的大小选择锤头，然后安装并紧固。

❷ 两手握住手柄，锤头对准要打孔部位，按住电源开关，垂直用力，就可打出需要的孔洞。

11. 电动角向磨光机

（1）电动角向磨光机外形。

电动角向磨光机外形

（2）电动角向磨光机的使用。

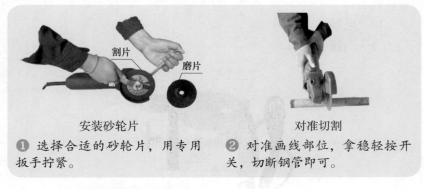

安装砂轮片

❶ 选择合适的砂轮片，用专用扳手拧紧。

对准切割

❷ 对准画线部位，拿稳轻按开关，切断钢管即可。

### 1.1.2 电工常用工具的使用

1. 低压验电器

（1）低压验电器外形。

（a）氖泡螺丝刀式　　　　（b）电子笔式

低压验电器外形

（2）氖泡螺丝刀式验电器的使用。

氖泡螺丝刀式验电器的使用

中指和食指夹住验电器，大拇指压住手触极，触电极接触被测点，氖泡发光说明有电，不发光说明没电。

（3）电子（感应）笔式验电器的使用。

电子笔式验电器的使用

中指和食指夹住验电器，大拇指压住验电测试键，触电极接触被测点，指示灯发光并有显示说明有电，指示灯不发光说明没电。

（4）使用注意事项。

手指不能靠近触电极

使用时应注意手指不要靠近笔的触电极，以免通过触电极与带电体接触造成触电。

2. 螺钉旋具

（1）螺钉旋具外形。

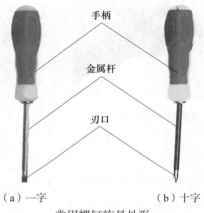

手柄

金属杆

刃口

（a）一字　　　　　　（b）十字

常用螺钉旋具外形

（2）螺钉旋具的使用。

螺钉旋具的使用

四指捏住螺钉旋具手柄，刃口顶住螺钉钉头，用力旋动螺钉，就可拧紧或松开螺钉。

3. 电工刀

（1）电工刀外形。

刀片　　　　　　刀把　　　刀挂

常用电工刀外形

（2）剥削绝缘层的使用方法。

将电工刀以近于90°
切入绝缘层，轻轻往复拉动
即可剥去绝缘层翻。

电工刀的使用

使用注意事项：

❶ 使用电工刀时应注意避免伤手，不得传递未折进刀柄的电工刀。
❷ 电工刀刀柄无绝缘保护，不能带电作业，以免触电。

4. 钳子

（1）钳子外形。

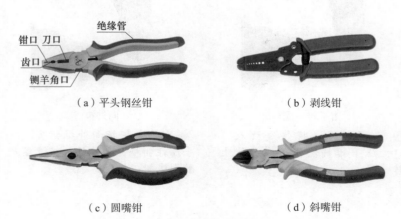

绝缘管

钳口 刀口

齿口

铡羊角口

（a）平头钢丝钳

（b）剥线钳

（c）圆嘴钳

（d）斜嘴钳

常用钳子外形

（2）圆嘴钳的使用（制作导线压接圈）。

向左折角

❶ 在离绝缘层根部1/3处向左外折角（对于多股导线，应将离绝缘层根部约1/2长的芯线重新绞紧，越紧越好）。

弯曲成圆

❷ 当圆弧弯曲得将成圆圈（剩下1/4）时，将余下的芯线向右外折角，然后使其成圆。

捏平

❸ 捏平余下线端，使两端芯线平行。

（3）剥线钳的使用（剥离绝缘层）。

钳子转一圈

❶ 打开销子，将导线放入刀口，压下钳柄使钳子在导线上转一圈。

向外推

❷ 左手大拇指向外推钳头，右手压住钳柄并向外拔，绝缘层就随剥线钳一起脱离导线。

## 5. 扳手

### （1）扳手外形。

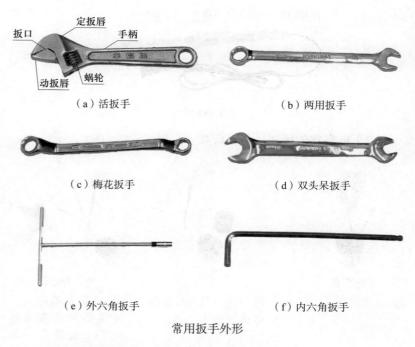

（a）活扳手                          （b）两用扳手

（c）梅花扳手                       （d）双头呆扳手

（e）外六角扳手                     （f）内六角扳手

常用扳手外形

### （2）活扳手的使用（拆除螺栓）。

插入螺栓                           按住蜗轮扳动

❶ 将扳手打开，插入被扭螺钉扭动蜗轮靠紧螺栓。    ❷ 按住蜗轮，顺时针扳动手柄，螺栓就被拧紧。

6. 电烙铁

（1）电烙铁外形。

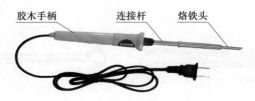

胶木手柄　　连接杆　　烙铁头

电烙铁外形

（2）电烙铁的使用（导线焊接）。

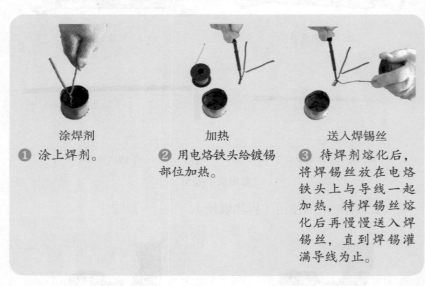

涂焊剂
❶ 涂上焊剂。

加热
❷ 用电烙铁头给镀锡部位加热。

送入焊锡丝
❸ 待焊剂熔化后，将焊锡丝放在电烙铁头上与导线一起加热，待焊锡丝熔化后再慢慢送入焊锡丝，直到焊锡灌满导线为止。

7. 手锤

（1）手锤外形。

手柄　　　羊角

锤头

手锤外形

（2）使用手锤安装木榫的方法。

手锤的使用

将木方削成大小合适的八边形，先将木榫小头塞入孔洞，用手锤敲打木榫大头，直至与孔洞齐平为止。

8．工具夹

（1）工具夹外形。

工具夹用来插装螺钉旋具、电工刀、验电器、钢丝钳和活扳手等常用电工工具，分有插装三件、五件工具等各种规格，是电工操作的必备用品。

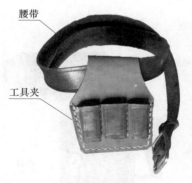

工具夹外形

（2）工具夹的使用。

❶ 将需要的工具逐一插入套中。　　❷ 将工具夹系于腰间并扣好锁扣。

9. 喷灯

（1）喷灯外形。

喷灯是火焰钎焊的热源，用来焊接较大铜线鼻子、大截面铜导线连接处的加固焊锡，以及其他电连接表面的防氧化镀锡等。按使用燃料的不同，喷灯分为煤油喷灯和汽油喷灯两种。

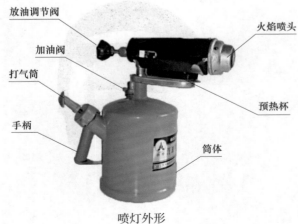

放油调节阀　　火焰喷头
加油阀
打气筒　　预热杯
手柄　　筒体

喷灯外形

（2）喷灯的使用。

**关闭放油调节阀**

❶ 关闭放油调节阀。

**打气**

❷ 给打气筒打气。

**挡住火焰喷头**

❸ 打开放油调节阀，用手挡住火焰喷头，若有气体喷出，说明喷灯正常。

**拧开打气筒**

❹ 关闭放油调节阀，拧开打气筒。

**筒体加汽油**

❺ 给筒体加入汽油。

**预热杯加汽油**

❻ 给预热杯加入少量汽油。

**给筒体打气**

❼ 拧紧打气筒盖，然后给筒体打气至一定压力。

**点燃预热杯中的汽油**

❽ 点燃预热杯中的汽油预热。

**调节放油调节阀**

❾ 在火焰喷头达到预热温度后，旋动放油调节阀喷油，根据所需火焰大小调节放油调节阀至适当程度，就可以焊接了。

使用时注意打气压力不得过高，防止火焰烧伤人员和工件，周围的易燃物要清理干净，不准在有易燃易爆物品的周围使用喷灯。

10．手动弯管器的使用

（1）手动弯管器外形。

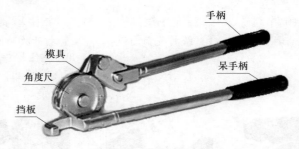

手动弯管器外形

（2）手动弯管器的使用。

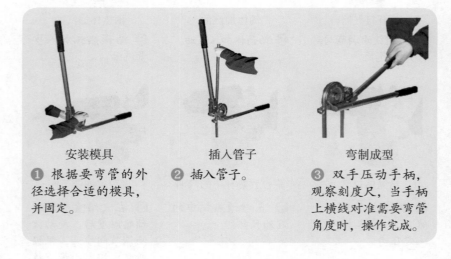

安装模具
❶ 根据要弯管的外径选择合适的模具，并固定。

插入管子
❷ 插入管子。

弯制成型
❸ 双手压动手柄，观察刻度尺，当手柄上横线对准需要弯管角度时，操作完成。

11. 压接钳

（1）压接钳外形。

压接钳又称压线钳，是一种用冷压方式连接大截面铜、铝导线的专用工具。

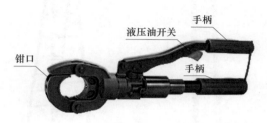

液压压接钳外形

（2）压接钳的使用。

打开钳口

❶ 选择模具，打开钳口。

安装模具

❷ 正确安装模具。关闭液压油阀门。

安装接线耳靠紧

❸ 剥离导线绝缘层（长度=接线耳深度+5~10mm），将接线耳插入模具加压靠紧。

插入导线

❹ 将导线插入接线耳。

加压

❺ 加压至预定值。

取出导线

❻ 打开液压油阀门，取出压制好的接线耳。

12. 梯子

（1）梯子外形。

（a）伸缩单梯　　　　（b）合页梯

常用电工梯子外形

（2）梯子的使用。

| 上梯 | 操作 | 下梯 |
|---|---|---|
| ❶ 上梯子时无论哪只脚先动，对应的手都要同时移动并扶稳。 | ❷ 操作时如果左手用力，则左脚踩实，右腿跨过梯子横挡，右脚踩稳。 | ❸ 下梯子时，移哪只脚就相应移哪只手，并抓牢。 |

13. 紧线器

（1）紧线器外形。

紧线器是在架空线路敷设施工中用来拉紧导线的。

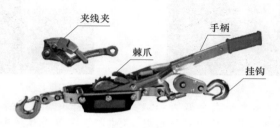

紧线器外形

（2）紧线器的使用。

夹住导线

❶ 先把紧线器上的钢丝绳松开，并固定在横担上。

收紧

❷ 用夹线钳夹住导线，然后扳动专用扳手。由于棘爪的防逆转作用，逐渐把钢丝绳或镀锌铁线绕在棘轮滚筒上，使导线收紧。

14. 脚扣

（1）脚扣外形。

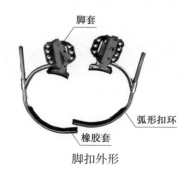

脚扣外形

家装水电工技能

（2）脚扣的使用。

右脚上移右手在上

❶ 上杆时在地面上套好脚扣，登杆时根据自身方便，可任意用一只脚向上跨扣，同时用与上跨脚同侧的手向上扶住电杆。换脚时，一只脚的脚扣和电杆扣牢后，再动另一只脚。以后步骤重复，直至杆顶需要作业的部位。

左脚上移左手在上

❷ 登杆中不要使身体直立靠近电杆，应使身体适当弯曲，离开电杆。快登到顶时，要防止横担碰头。

两点定位

❸ 操作者在电杆左侧作业时，应左脚在下，右脚在上，即身体重心放在左脚上，右脚辅助。

一点定位

❹ 操作者在电杆右侧作业时，应右脚在下，左脚在上，即身体重心放在右脚上，以左脚辅助。也可根据负载的轻重、材料的大小采取一点定位，即两只脚同在一条水平线上，用一只脚扣的扣身压在另一只脚扣的身上。

### 1.1.3 测量工具的使用

1. 游标卡尺

（1）游标卡尺外形。

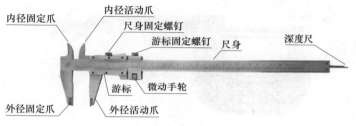

游标卡尺外形

（2）游标卡尺的使用（钢管外径测量）。

游标卡尺的使用方法

松开尺身和游标固定螺钉，将钢管放在外径测量爪之间，拇指推动微动手轮，使内径活动爪靠紧钢管，即可读数。

先读尺身26，然后观察到游标刻度4与尺身30对齐，则小数为0.4，加上26，结果为26.4mm。

2. 外径千分尺

（1）外径千分尺外形。

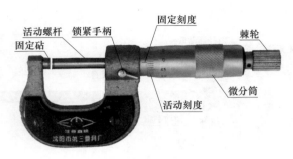

固定砧　活动螺杆　锁紧手柄　固定刻度　棘轮　活动刻度　微分筒

外径千分尺外形

（2）外径千分尺的使用（导线外径测量）。

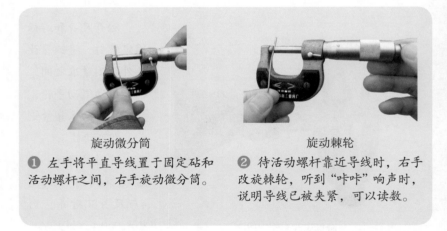

旋动微分筒　　　　　　　　　　　旋动棘轮

❶ 左手将平直导线置于固定砧和活动螺杆之间，右手旋动微分筒。　❷ 待活动螺杆靠近导线时，右手改旋棘轮，听到"咔咔"响声时，说明导线已被夹紧，可以读数。

　　读数的方法：先读固定刻度1.0，然后看固定刻度尺线与活动刻度哪条对齐（在中间时要估一位），即0.085，最后两数相加，得到导线测量直径1.085mm。

#### 1.1.4 常用电工仪表的使用

1. 钳形电流表

（1）钳形电流表外形。

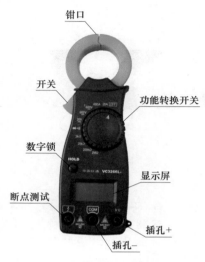

钳口

开关

功能转换开关

数字锁

断点测试

显示屏

插孔＋

插孔－

钳形电流表外形

（2）用钳形电流表测量电流。

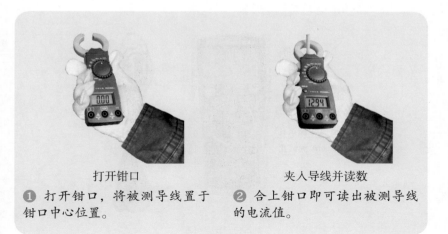

打开钳口

❶ 打开钳口，将被测导线置于钳口中心位置。

夹入导线并读数

❷ 合上钳口即可读出被测导线的电流值。

　　测量较小电流时，可将被测导线在钳口多绕几匝，这时实际电流应除以缠绕匝数。

　　（3）用钳形电流表测量直流电阻。

选择挡位　　　　　　　　测量　　　　　　　　关闭

❶ 根据估测数值将钳形电流表选择开关置于2kΩ欧姆挡。

❷ 将两表笔接在被试物两端，并保持接触良好，读取测量值。

❸ 测量完毕将选择开关置于OFF挡。

　　2. 万用表

　　（1）数字万用表外形。

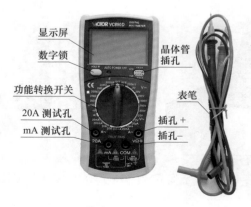

显示屏
数字锁
功能转换开关
20A 测试孔
mA 测试孔
晶体管插孔
表笔
插孔 +
插孔 −

数字万用表外形

（2）数字万用表的使用。

确定功能和挡位

❶ 将数字万用表置于电容挡。

测量

❷ 两表笔分别连接电容器两接线端，开始时没有读数，待电容器充满电后，显示屏即显示电容值。

关闭

❸ 测量完毕后关闭数字万用表（下同）。

（3）指针式万用表的使用。

功能选择

❶ 先将功能挡置于欧姆挡。测量中应选择测量种类，然后选择量程。如果不能估计测量范围，应先从最大量程开始，直至误差最小，以免烧坏仪表。

量程选择

❷ 将量程置于1kΩ欧姆挡。

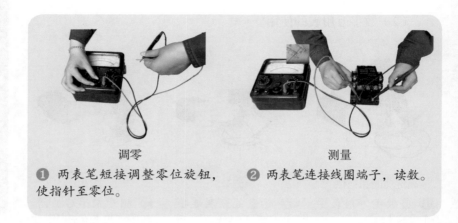

调零                         测量

❶ 两表笔短接调整零位旋钮，使指针至零位。　　❷ 两表笔连接线圈端子，读数。

注意事项：测量电阻每换一挡，必须校零一次。测量完毕，应关闭或将转换开关置于电压最高挡位。

3. 绝缘电阻表

（1）手动绝缘电阻表（俗成兆欧表）外形。

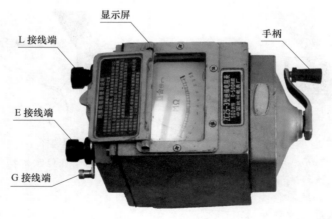

显示屏

手柄

L 接线端

E 接线端

G 接线端

绝缘电阻表外形

（2）绝缘电阻表的使用。

对零

① 将L、E两表笔短接，缓慢摇动发电机手柄，指针应指在零位。

测量

② L表笔不动，将E表笔接地，由慢到快摇动手柄。若指针指零位不动，就不要继续摇动手柄，说明被试品有短路现象。若指针上升，则摇动手柄到额定转速（120r/min），稳定后读取测量值。

## 1.2 常用材料

### 1.2.1 管道工常用材料

1. 常用钢制螺纹连接管件

管箍　　异径外接头　外方管堵　内方管堵　内外螺纹　补芯

管帽　　内方补芯　异径内接头　活接头　异径内外丝接头

侧孔弯头　侧孔三通　侧孔四通　长连接　　月弯

外丝月弯　内外丝平座　45°弯头　单弯三通　双弯弯头
　　　　　活接弯头

过管　　弯头　　内外丝弯头　平座活接弯头　45°内外　三通
　　　　　　　　　　　　　　　　　　　　丝弯头

内外丝三通　　Y形三通　　中大三通　　中小三通　　　四通　　异径四通

2. 常用塑料管件

（1）给水塑料管件。

90°弯头　　　45°弯头　　　90°三通　　90°异径三通

粘接和内　　粘接和内　　粘接型　　粘接和外　　　管帽
螺纹接头　　螺纹变接头　承插口　　螺纹变接头

90°铜内螺纹三通　　90°铜内螺纹弯头　　　管箍　　异径管接头

（2）排水塑料管件。

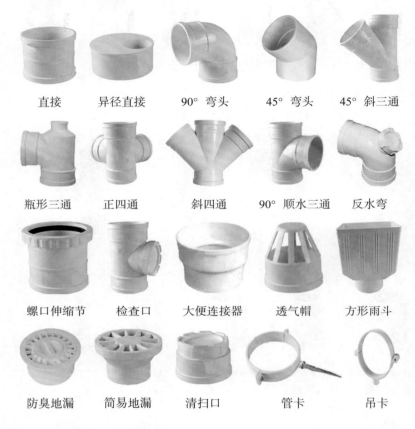

| 直接 | 异径直接 | 90°弯头 | 45°弯头 | 45°斜三通 |

| 瓶形三通 | 正四通 | 斜四通 | 90°顺水三通 | 反水弯 |

| 螺口伸缩节 | 检查口 | 大便连接器 | 透气帽 | 方形雨斗 |

| 防臭地漏 | 简易地漏 | 清扫口 | 管卡 | 吊卡 |

### 3. 常用铝塑管管件

| 内螺纹挤压式直通 | 挤压式直通 | 螺纹挤压式三通 | 螺纹挤压式内丝三通 |

螺纹挤压式    外螺纹    螺纹挤压式    螺纹挤压式弯头
内丝弯头    挤压式直通    外丝直通

### 4. 常用水嘴

冷水嘴    热水嘴    双控洗面器水嘴    洗涤水嘴

单控洗面器水嘴    接管水嘴    洗涤水嘴    浴缸水嘴

回转式水嘴    单控洗面器水嘴    洗涤水嘴    洗涤水嘴

接管水嘴    单控淋浴水嘴    浴缸水嘴（一）    浴缸水嘴（二）

双控淋浴水嘴

双控浴缸水嘴

浴缸水嘴

洗衣机水嘴

### 5. 洗面器

托架式洗面器（一）

托架式洗面器（二）

台式洗面器（一）

台式洗面器（二）

立柱式洗面器（一）

立柱式洗面器（二）

### 6. 大便器

有挡式蹲便器

无挡式蹲便器

连体式坐便器

坐箱式坐便器

## 7. 小便器

落地式小便器

壁挂式小便器

斗式小便器

8. 卫生间配件

肥皂盒

手纸盆

毛巾架托

## 1.2.2 电工常用材料

1. 金属管及管件

（1）白铁管规格及尺寸。

### 白铁管规格及尺寸

| 图形 | 标称直径（mm） | 外径 × 壁厚（mm×mm） | 内径（mm） | 质量（kg/m） |
|---|---|---|---|---|
| | 10 | 17 × 2.25 | 12.5 | 0.82 |
| | 15 | 21.25 × 2.75 | 15.75 | 1.25 |
| | 20 | 26.75 × 2.75 | 21.25 | 1.63 |
| | 25 | 38.5 × 3.25 | 27 | 2.42 |
| | 32 | 42.25 × 3.25 | 35.75 | 3.13 |
| | 40 | 48 × 3.50 | 41 | 3.84 |
| | 50 | 60 × 3.50 | 53 | 4.88 |
| | 70 | 75.5 × 3.75 | 68 | 6.64 |
| | 80 | 88.5 × 4 | 80.5 | 8.34 |
| | 100 | 114 × 4 | 106 | 10.85 |
| | 125 | 140 × 4.5 | 131 | 15.04 |
| | 150 | 165 × 4.5 | 156 | 17.81 |

（2）管配件规格及尺寸。

管配件规格及尺寸

| 名称及图形 | | 型号 | 尺寸（mm） |
|---|---|---|---|
| 接线盒 | | L101 | $\phi 20/25$ |
| | | L102 | |
| | | L103 | |
| | | L104 | |
| | | L105 | |
| 套管式管端接头 | | TGJ | $\phi 16$ |
| | | | $\phi 20$ |
| | | | $\phi 25$ |
| | | | $\phi 32$ |
| | | | $\phi 38$ |
| 铁皮离墙管卡 | | TPK | $\phi 20$ |
| | | | $\phi 25$ |
| | | | $\phi 32$ |
| | | | $\phi 40$ |
| | | | $\phi 50$ |
| 软管端接头 | | DPJ | $\phi 20$ |
| | | | $\phi 25$ |
| | | | $\phi 32$ |
| | | | $\phi 3$ |
| 法兰 | | D146 | $\phi 20$ |
| | | D147 | $\phi 25$ |
| 明装三通 | | L210 | $\phi 20$ |
| | | M210 | $\phi 25$ |

| 名称及图形 | | 型号 | 尺寸（mm） |
|---|---|---|---|
| 明装弯头 | | L208 | $\phi20$ |
| | | M208 | $\phi25$ |
| | | L209 | $\phi20$ |
| | | M209 | $\phi25$ |
| 管接头 | | C140 | $\phi20$ |
| | | C141 | $\phi25$ |
| | | C142 | $\phi32$ |
| | | C143 | $\phi40$ |
| | | C144 | $\phi50$ |

2．塑料管及管件

（1）硬质塑料管规格。

### 聚氯乙烯(PVC)硬塑管规格

| 图形 | 标称直径（mm） | 外径（mm） | 轻型管 | | 重型管 | |
|---|---|---|---|---|---|---|
| | | | 壁厚（mm） | 质量（kg/4m） | 壁厚（mm） | 质量（kg/4m） |
| | 8 | 12.5 | — | — | 2.25 | 0.45 |
| | 10 | 15 | — | — | 2.50 | 0.60 |
| | 15 | 20 | 2 | 0.7 | 2.50 | 0.85 |
| | 20 | 25 | 2 | 0.9 | 3 | 1.30 |
| | 25 | 32 | 3 | 1.7 | 4 | 2.20 |
| | 32 | 40 | 3.5 | 2.5 | 5 | 3.40 |
| | 40 | 51 | 4 | 3.6 | 6 | 5.20 |
| | 50 | 65 | 4.5 | 5.2 | 7 | 7.40 |
| | 65 | 76 | 5 | 6.8 | 8 | 11 |
| | 80 | 90 | 6 | 10 | — | — |
| | 100 | 114 | 7 | 15 | — | — |

（2）聚氯乙烯阻燃型可挠电线管规格。

聚氯乙烯阻燃型（KRG）可挠电线管规格

| 图形 | 标称直径（mm） | 内径（mm） | 外径（mm） | 质量（kg/m） |
|---|---|---|---|---|
|  | 15 | 14.3 | 18.7 | 0.06 |
|  | 20 | 16.5 | 21.2 | 0.07 |
|  | 25 | 23.3 | 28.9 | 0.105 |
|  | 32 | 29 | 34.5 | 0.13 |
|  | 40 | 36.2 | 42.5 | 0.184 |
|  | 50 | 47.7 | 54.5 | 0.26 |

（3）PVC管接头规格尺寸。

PVC管接头规格尺寸

| 图形 | 配用管径 | 内径（mm） | 外径（mm） | 长度（mm） |
|---|---|---|---|---|
|  | DN16 | 16 | 20 | 30 |
|  | DN20 | 20 | 24 | 42 |
|  | DN25 | 25 | 30 | 42 |
|  | DN32 | 32 | 37 | 52 |
|  | DN40 | 40 | 45 | 58 |
|  | DN50 | 50 | 55 | 62 |
|  | DN63 | 60 | 68 | 70 |

（4）PVC入盒接头及入盒锁扣规格尺寸。

PVC入盒接头及入盒锁扣规格尺寸

| 图形 | 配用管径 | 内径（mm） | 外径（mm） | 长度（mm） |
|---|---|---|---|---|
| | DN16 | 16 | 21 | 33 |
| | DN20 | 20 | 25 | 35 |
| | DN25 | 25 | 31 | 35 |
| | DN32 | 32 | 40 | 42 |
| | DN40 | 40 | 48 | 45.5 |
| | DN50 | 50 | 58 | 55.5 |
| | DN63 | 60 | 71 | 79.5 |

（5）PVC明/暗装圆形灯头盒规格尺寸。

PVC明/暗装圆形灯头盒规格尺寸

| 图形 | 配用管径 | 外径（mm） | 内径（mm） | 线孔距（mm） |
|---|---|---|---|---|
| | DN16 | 66 | 51.0 | 32/57 |
| | DN20 | 66 | 50.8 | 32/63.9 |
| | DN25 | 64 | 50 | 35/66 |

（6）PVC明暗装开关盒规格尺寸。

PVC明暗装开关盒规格尺寸

| 图形 | 配用管径 | 外长（mm） | 高度明/暗（mm） | 内长（mm） |
|------|---------|-----------|----------------|-----------|
| | DN16 | 75/77 | 40/54 | 50/60.3 |
| | DN20 | 100/77 | 40/54 | 72/60.3 |
| | DN25 | 125/164 | 40/54 | 94/60.3 |

（7）PVC弯头规格尺寸。

PVC弯头规格尺寸

| 图形 | 配用管径 | 内径（mm） | 外径（mm） | 总长（mm） | 厚度（mm） |
|------|---------|-----------|-----------|-----------|-----------|
| | DN16 | 16 | 19 | 55 | 27 |
| | DN20 | 20 | 24 | 63 | 31 |
| | DN25 | 25 | 29.3 | 70 | 36 |
| | DN32 | 32 | 37 | 77 | 43 |
| | DN40 | 40 | 50 | 88 | 52 |
| | DN50 | 50 | 55 | 113 | 63 |
| | DN63 | 63 | 69 | 133 | 78 |

（8）PVC管叉规格尺寸。

PVC管叉规格尺寸

| 图形 | 配用管径 | 内径（mm） | 外径（mm） | 长（mm） | 宽（mm） | 厚度（mm） |
|------|---------|-----------|-----------|---------|---------|-----------|
| | DN16 | 16 | 19 | 60 | 99 | 29 |
| | DN20 | 20 | 24 | 68 | 110 | 33 |
| | DN25 | 25 | 29.3 | 71 | 108 | 42.5 |
| | DN32 | 32 | 37 | 80 | 113 | 43 |
| | DN40 | 40 | 50 | 84 | 115 | 52 |
| | DN50 | 50 | 55 | 113 | 165 | 66 |
| | DN63 | 63 | 69 | 133 | 193 | 81 |

（9）PVC管卡规格尺寸。

PVC管卡规格尺寸

| 图形 | 配用管径 | 长度（mm） | 厚度（mm） | 高度（mm） |
|---|---|---|---|---|
| | DN16 | 24 | 20 | 18.5 |
| | DN20 | 29.5 | 26 | 18.5 |
| | DN25 | 34 | 32.5 | 18.5 |
| | DN32 | 43 | 34 | 18.5 |
| | DN40 | 51 | 40 | 18.5 |

（10）PVC90°弯头规格尺寸。

PVC90°弯头规格尺寸

| 图形 | 配用管径 | 内径（mm） | 外径（mm） | 总长（mm） |
|---|---|---|---|---|
| | DN16 | 16 | 20 | 39 |
| | DN20 | 20 | 24 | 45 |
| | DN25 | 25 | 29 | 53 |
| | DN32 | 32 | 36 | 63 |
| | DN40 | 40 | 45 | 76 |
| | DN50 | 50 | 55 | 89 |
| | DN63 | 63 | 68 | 110 |

3．紧固件

（1）管夹规格尺寸。

管夹规格尺寸

| 图形 | 配用管径 | 圆弧直径（mm） | 长度（mm） | 带宽（mm） | 高度（mm） | 孔距（mm） |
|---|---|---|---|---|---|---|
| | DN16 | 16 | 47 | 15 | 17 | 32 |
| | DN20 | 20 | 54 | 16 | 21 | 36 |
| | DN25 | 25 | 60 | 18 | 26.5 | 41 |
| | DN32 | 32 | 78 | 22 | 33 | 58 |
| | DN40 | 40 | 91 | 24 | 41 | 72 |
| | DN50 | 50 | 102 | 25 | 52 | 80 |
| | DN63 | 63 | 114 | 28 | 66 | 94 |

（2）不锈钢喉箍规格尺寸。

不锈钢喉箍规格尺寸

| 图形 | 英制规格 (in) | 米制规格 (mm) | 带宽（mm） |
|---|---|---|---|
| | 4 ~ 12 | 6 ~ 32 | 6 |
| | 16 ~ 28 | 21 ~ 57 | 8 |
| | 32 ~ 72 | 40 ~ 80 | 10 |
| | 80 ~ 104 | 118 ~ 178 | 12 |

（3）膨胀螺栓规格尺寸。

膨胀螺栓规格尺寸　　　　　　　　　　　　（mm）

| 图形 | 螺栓规格 | 胀管直径 | 螺纹长度 | 钻孔直径 |
|---|---|---|---|---|
| | M6 | 10 | | 10.5 |
| | M8 | 12 | | 12.5 |
| | M10 | 14 | 40 ~ 50 | 14.5 |
| | M12 | 18 | | 19 |
| | M16 | 22 | | 23 |

（4）胀管规格尺寸。

胀管规格尺寸 （mm）

| 图形 | 公称外径 | 螺纹直径 | 总长 | 螺钉直径 |
|------|---------|---------|------|---------|
| | $\phi6$ | 3.6 | 30 | 4 |
| | $\phi8$ | 5 | 42 | 5 |
| | $\phi9$ | 6 | 48 | 6 |
| | $\phi10$ | 6 | 58 | 6 |
| | $\phi12$ | 8 | 70 | 8 |

（5）管卡及单边管卡规格尺寸。

管卡及单边管卡规格尺寸 （mm）

| 图形 | 管卡 / 单边管卡 | | | |
|------|------|------|------|------|
| 管卡 | 总长 | 螺纹长 | 圆弧直径 | 螺纹直径 |
| | 35/44 | 16/20 | 18/18 | M6 |
| | 44/50 | 18/22 | 22/22 | M6 |
| | 50/54 | 18/22 | 28/28 | M6 |
| | 56/60 | 18/22 | 35/35 | M6 |
| | 62/68 | 18/22 | 40/40 | M6 |
| | 78 | 18 | 52 | M8 |
| | 105 | 18 | 78 | M10 |
| | 118 | 18 | 92 | M10 |

（6）塑料、尼龙绑扎带规格尺寸。

塑料、尼龙绑扎带规格尺寸

| 图形 | 塑料规格（mm） | | | 尼龙规格（mm） | | |
|---|---|---|---|---|---|---|
| | 型号 | 带长 | 带宽 | 型号 | 带长 | 带宽 |
| | S1 | 118 | 3 | N1 | 118 | 3 |
| | S2 | 160 | 5 | N2 | 160 | 5 |
| | S3 | 250 | 10 | N3 | 250 | 10 |
| | S4 | 348 | 10 | N4 | 348 | 10 |

（7）压线夹规格尺寸。

压线夹规格尺寸

| 图形 | 圆形（mm） | 扁形（mm） |
|---|---|---|
| | $\phi 4$ | |
| | $\phi 5$ | |
| | $\phi 6$ | 6 |
| | $\phi 7$ | 7 |
| | $\phi 8$ | 8 |
| | $\phi 9$ | |
| | $\phi 10$ | 10 |
| | $\phi 11$ | 12 |
| | $\phi 12$ | |
| | $\phi 14$ | |

（8）钢精扎头规格尺寸。

钢精扎头规格尺寸

| 图形 | 型号 | 规格（mm） | |
|---|---|---|---|
| | | 带长 | 带宽 |
| 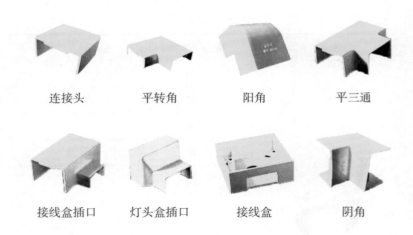 | 0 | 28 | 5.6 |
| | 1 | 40 | 6 |
| | 2 | 48 | 6 |
| | 3 | 59 | 6.8 |
| | 4 | 66 | 7 |
| | 5 | 73 | 7 |

## 4．塑料线槽

连接头　　　　平转角　　　　阳角　　　　平三通

接线盒插口　　灯头盒插口　　接线盒　　　阴角

5．开关插座

（1）86系列开关及插座名称与型号。

86系列开关及插座名称与型号

| 图形 | 名称型号 | 图形 | 名称型号 |
|---|---|---|---|
| | 一位开关<br>C1–001 | | 二位开关 C1–002 |
| | 三位开关<br>C2–003 | | 一开带二、三极插座<br>C2–004 |
| | 一开带 16A 插座<br>C2–005 | | 二极多功能插座<br>C2–006 |
| | 三级插座<br>C2–007 | | 二、三极插座<br>C2–008 |
| | 二、二三极插座<br>C2–007 | | 一位电视插座<br>C2–010 |
| | 电视分支插座<br>C2–011 | | 二位电视插座<br>C2–012 |
| | 一位电话插座<br>C1–013 | | 一位网线插座<br>C1–014 |
| | 二位电话插座、<br>二位网线插座<br>C2–015 | | 电话、网线插座<br>C2–016 |

| 图形 | 名称型号 | 图形 | 名称型号 |
|---|---|---|---|
| | 电视、电话插座 C2–017 | | 电视、网线插座 C2–018 |
| | 声光延时开关 C2–019 | | 触摸延时开关 C2–020 |
| | 调光开关、调速开关 C2–021 | | 插卡取电 C2–022 |
| | 单联音响插座、双联音响插 C2–023 | | 16A 三极插座、25A 三极插座 C2–024 |

（2）120系列开关及插座名称与型号。

120系列开关及插座名称与型号

| 图形 | 名称型号 | 图形 | 名称型号 |
|---|---|---|---|
| | 一位面板 F1–001 | | 一位大板开关 F1–005 |
| | 二位面板 F1–002 | | 小三位开关 F1–008 |
| | 三位面板 F1–003 | | 一位中板开关 F1–006 |
| | 四位面板 F1–004 | | 小二位开关 F1–007 |

续表

| 图形 | 名称型号 | 图形 | 名称型号 |
|---|---|---|---|
| | 16A 三极插座<br>F1–009 | | 电话插座、网线插座<br>F1–013 |
| | 多功能插座<br>F1–010 | | 门铃开关<br>F1–014 |
| | 小五孔插座<br>F1–011 | | 触摸延时开关、声光控<br>延时开关 F1–015 |
| | 电视插座<br>F1–012 | | 调光开关、调速开关<br>F1–016 |

## 6．灯座与灯泡

（1）灯座规格尺寸。

灯座规格尺寸

| 图形 | 名称型号 | 安装尺寸<br>（mm） | 图形 | 名称型号 | 安装尺寸<br>（mm） |
|---|---|---|---|---|---|
| | 胶木插口<br>平灯座<br>2C15 | $\phi40 \times 35$<br>安装孔距 34 | | 胶木螺口<br>吊灯座<br>2C15A | $\phi43 \times 64$ |
| | 胶木螺口<br>平灯座<br>E12 | $\phi35 \times 23$<br>安装孔距 27 | | 胶木插口<br>吊灯座<br>2C15A | $\phi43 \times 64$ |
| | 胶木螺口<br>平灯座<br>E12 | $\phi35 \times 23$<br>安装孔距 27 | | 胶木螺口<br>吊灯座（附<br>开关）E27 | $\phi40 \times 74$ |
| | 斜平装式胶水<br>螺口灯座<br>2C22 | $\phi64 \times 64$<br>安装孔距 49.5 | | 防雨胶木<br>螺口吊灯<br>座 E27 | $\phi40 \times 57$ |

（2）节能荧光灯名称与型号。

节能荧光灯名称与型号

| 图形 | 外露型 | | | 直筒型 | | 斜筒型 | 球型管 |
|---|---|---|---|---|---|---|---|
| | U型 H型 | | | | | | |
| 型号 | 功率 | 类型 | 灯管类型 | 型号 | 功率 | 类型 | 灯管类型 |
| T6-A1 | | 直筒型玻罩式 | | T12-B2 | 12 | 斜筒型外露式 | |
| T6-A2 | 6 | 斜筒型玻罩式 | | T14-A3 | | 直筒型玻罩式 | 双U或双H |
| T6-A3 | | 斜筒型外露式 | | T14-B1 | | 直筒型外露式 | |
| T8-A1 | | 直筒型塑罩式 | 110～120V/60Hz 220～240V/50Hz 双U或双H | T14-B2 | 14 | 斜筒型外露式 | |
| T8-A2 | 8 | 斜筒型塑罩式 | | T14-D1 | | 球型花玻罩 | 单U或单H |
| T8-B1 | | 直筒型外露式 | | T14-D2 | | 球型砂玻罩 | |
| T8-B2 | | 斜筒型外露式 | | T14-D3 | | 球型白玻罩 | |
| T10-A1 | | 直筒型塑罩式 | | JND-9 | 9 | 球型筒型塑罩 | 双U或双H 单U或单H |
| T10-A2 | 10 | 斜筒型塑罩式 | | JND-11 | 11 | | |
| T10-B1 | | 直筒型外露式 | | JND-13 | 13 | | |
| T10-B2 | | 斜筒型外露式 | | JND-15 | 15 | | |
| T12-B1 | 12 | 直筒型外露式 | 双U或双H | JND-18 | 18 | | |

（3）灯管规格尺寸。

荧光灯规格尺寸

| 图形 | | | | | |
|---|---|---|---|---|---|
| 型号 | 功率（W） | 工作电压（V） | 工作电流（A） | 直径（mm） | 全长（mm） |
| RR-6 | 6 | $50\pm6$ | 0.14 | $15\pm1$ | 222.6 |
| RL-6 | | | | | |
| RR-8 | 8 | $60\pm6$ | 0.16 | $15\pm1$ | 301.6 |
| RL-8 | | | | | |
| RR-10 | 10 | $45\pm5$ | 0.25 | $25\pm1.5$ | 344.6 |
| RL-10 | | | | | |
| RR-15S | 15 | $58^{+6}_{-8}$ | 0.30 | $25\pm1.5$ | 450.6 |
| RL-15S | | | | | |
| RR-15 | 15 | $50\pm6$ | 0.33 | $38\pm2$ | 450.6 |
| RL-15 | | | | | |
| RR-20 | 20 | $60\pm6$ | 0.35 | $38\pm2$ | 603.6 |
| RL-20 | | | | | |
| RR-30S | 30 | $96^{+12}_{-10}$ | 0.36 | $25\pm1.5$ | 908.6 |
| RL-30S | | | | | |
| RR-30 | 30 | $81^{+12}_{-10}$ | 0.405 | $38\pm2$ | 908.6 |
| RL-30 | | | | | |
| RR-40S | 40 | $108^{+11}_{-10}$ | 0.41 | $38\pm2$ | 1213.6 |
| RL-40S | | | | | |
| RR-100 | 100 | $92\pm11$ | 1.5 | $38\pm2$ | 1213.6 |
| RL-100 | | | | | |

注 型号意义，RR—日光色荧光灯管；RL—冷光色；S—细管形。

7．导体与绝缘材料

（1）聚氯乙烯绝缘胶带规格尺寸。

聚氯乙烯绝缘胶带规格尺寸

| 图形 | 宽度（mm） | 长度（mm） | 厚度（mm） | |
|---|---|---|---|---|
| | | | 薄膜 | 胶浆 |
| | 15±1 | 10±0.15、5±0.1 | 0.12±0.02、0.10±0.02 | 0.04±0.01 |
| | 20±1.2 | 10±0.15、5±0.1 | | |
| | 25±1.5 | 10±0.15、5±0.1 | | |

（2）布绝缘胶带规格尺寸。

布绝缘胶带规格尺寸

| 图形 | 宽度（mm） | 长度（mm） | 厚度（mm） |
|---|---|---|---|
| | 10±1 | 5±0.1 10±0.15 20±0.15 | 0.23 ～ 0.35 |
| | 15±1 | | |
| | 20±1 | | |
| | 25±1 | | |
| | 50±1 | | |

（3）OT型接线端子规格尺寸。

OT型接线端子规格尺寸

| 图形 | 型号 | 适用导线截面（mm²） | 紧固螺钉（mm） | 尺寸（mm） | | |
|---|---|---|---|---|---|---|
| | | | | 端部宽 | 长度 | 尾部宽 |
| | OT0.5-3 OT0.5-4 | 0.35 ~ 0.5 | 3 4 | 6 8 | 14 16 | 1.2 |
| | OT1-3 OT1-4 | 0.75 ~ 1 | 3 4 | 7.4 8.4 | 14.5 15.8 | 1.6 |
| | OT1.5-4 OT1.5-5 | 1.2 ~ 1.5 | 4 5 | 8 9.8 | 17 19 | 1.9 |
| | OT2.5-4 OT2.5-5 | 2 ~ 2.5 | 4 5 | 8.6 9.8 | 17.3 18.9 | 2.5 |
| | OT4-5 OT4-6 | 3 ~ 4 | 5 6 | 10 12 | 21.4 23.8 | 3.4 |
| | OT6-5 OT6-6 | 5 ~ 6 | 5 6 | 11.6 13.6 | 21.4 23.8 | 4.1 |
| | OT10-6 OT10-8 | 8 ~ 10 | 6 8 | 14 16 | 28.5 31.8 | 5.2 |
| | OT16-6 OT16-8 | 16 | 6 8 | 16 | 31 33 | 6.9 |
| | OT25-6 OT25-8 | 25 | 6 8 | 16 | 33 | 7.5 |
| | OT35-8 OT35-10 | 35 | 8 10 | 18 | 41 | 9.0 |
| | OT50-8 OT50-10 | 50 | 8 10 | 20 | 50 | 11 |
| | OT70-8 OT70-10 | 70 | 8 10 | 22 | 55 | 13 |
| | OT90-10 OT90-12 | 90 | 10 12 | 24 | 60 | 14.5 |

（4）IT型、UT型接线端子规格尺寸。

IT型、UT型接线端子规格尺寸

| 图形 | 型号 | 适用导线截面（mm²） | 尺寸（mm） | | |
|---|---|---|---|---|---|
| | | | 端部宽 | 长度 | 尾部宽 |
| | IT1-2 | 1 | 1.9 | 15 | 1.6 |
| | IT2.5-2 | 2 ~ 2.5 | 1.9 | 18 | 2.6 |
| | IT4-3 | 3 ~ 4 | 2.9 | 21 | 3.2 |
| | UT0.5-2 | 0.35 ~ 0.5 | 4.5 | 11 | 1.2 |
| | UT1-3<br>UT1-4 | 0.75 ~ 1 | 6<br>7.2 | 14.5<br>16 | 1.6 |
| | UT1.5-4<br>UT1.5-5 | 1.2 ~ 1.5 | 8<br>9.5 | 16.5<br>18 | 1.9 |
| | UT2.5-4<br>UT2.5-5 | 2 ~ 2.5 | 8<br>9 | 16.8<br>18 | 2.6 |
| | UT4-5<br>UT4-6 | 3 ~ 4 | 10<br>12 | 20<br>21 | 3.2 |

（5）BV、BLV型单芯线的主要技术数据。

BV、BLV型单芯线的主要技术数据

| 图形 | 标称截面（mm²） | 线芯结构（n/mm） | 最大外径（mm） | 标称截面（mm²） | 线芯结构（n/mm） | 最大外径（mm） | 备注 |
|---|---|---|---|---|---|---|---|
| | 0.2 | 1/0.5 | 1.4 | 10 | 7/1.33 | 6.6 | |
| | 0.3 | 1/0.6 | 1.5 | 16 | 7/1.7 | 7.8 | |
| | 0.4 | 1/0.7 | 1.7 | 25 | 7/2.12 | 9.6 | |
| | 0.5 | 1/0.8 | 2.0 | 35 | 7/2.5 | 10.9 | 只有 |
| | 0.75 | 1/0.97 | 2.4 | 50 | 19/1.83 | 13.2 | BV |
| | 1.0 | 1/1.13 | 2.6 | 70 | 19/2.4 | 14.9 | 型线 |
| | 1.5 | 1/1.37 | 3.3 | 95 | 19/2.5 | 17.3 | 有 |
| | 2.5 | 1/1.76 | 3.7 | 120 | 37/2.0 | 18.1 | |
| | 4 | 1/2.24 | 4.2 | 150 | 37/2.24 | 20.2 | |
| | 6 | 1/2.73 | 4.8 | 185 | 37/2.5 | 22.2 | |

## 8. 常用金具

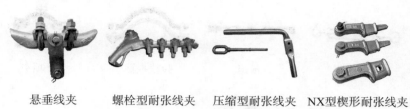

悬垂线夹　　　螺栓型耐张线夹　　　压缩型耐张线夹　　NX型楔形耐张线夹

（a）Q形　　　　　（b）QP形

球头挂环　　　　　　　　　U形挂环

LL形联板　　　　　　　　　　L形联板

LK形联板　　　　　LJ形联板　　　　　LX形联板

（a）PH形　　　（b）ZH形

U形螺钉　　　　　　　　　　挂环

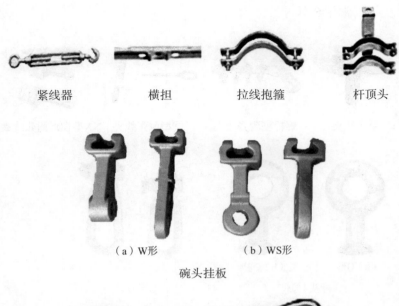

紧线器　　　　　横担　　　　　拉线抱箍　　　　　杆顶头

（a）W形　　　　（b）WS形

碗头挂板

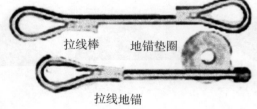

拉线棒　　地锚垫圈

拉线地锚

### 9. 常用绝缘子

针式绝缘子的外形

　　型号说明：PD——低压线路针式绝缘子，其后所带数字为形状尺寸序数。

　　"1"号为尺寸最大的一种，T、M、W分别表示铁担直脚、木担直脚、弯脚。

蝶式绝缘子外形

悬式绝缘子外形

# 第 2 章

## 给水排水施工

## 2.1 通用做法

### 2.1.1 钢管管道连接

1. 常用弯管

（1）半圆弯管。

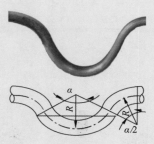

半圆弯管计算

❶ 半圆弯管用于两管交叉且在同一平面上，半圆弯管绕过另一直管的管道。一般由两个弯曲半径相同的60°（或45°）弯管及一个120°弯管组成。其展开长度 $L=2\alpha R$。

半圆弯管制作

❷ 制作时先弯中间半圆，再弯两侧半圆。

（2）乙字弯。

乙字弯计算

**1** 乙字弯可作为室内采暖系统散热器进出口与立管的连接管，弯曲角度为α，一般为30°、45°、60°。其可按几何条件求出

$$l = \frac{H}{\sin\alpha} - 2R\tan\frac{\alpha}{2}$$

当α=45°、R=4D时，可化简求出

$$l = 1.414H - 3.312D$$

每个弯管划线长度为

$$0.785R = 3.14D \approx 3D$$

乙字弯的划线长L为

$$L = 2 \times 3D + 1.414H - 3.312D$$
$$= 2.7D + 1.414H$$

**2** 制作时先弯一个60°，量出中间直线后再弯另一个60°。

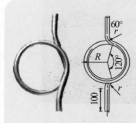

乙字弯制作

（3）圆形弯管。

圆形弯管计算

**1** 圆形弯管用作安装压力表。其划线L长度为

$$L = 2\pi R + \frac{2}{3}\pi R + \frac{1}{3}\pi r + 2l$$

式中，第一项为一个整圆弧长，第二项为一个120°弧长，第三项为两边立管弯曲60°时的总弧长，为立管弯曲段以外直管，一般取100mm。按图示时，R取60mm，r取33mm，则划线长度为737.2mm。

**2** 制作时先弯出两个120°，再弯两个60°。

## 2. 钢管的螺纹连接

（1）短螺纹与阀门的连接。

缠绕填料　　　　　　　安装阀门　　　　　　　　　紧固

❶ 将油麻丝从管螺纹第2、3牙开始沿螺纹按顺时针缠绕，然后在麻丝表面上均匀地涂抹一层铅油。

❷ 将阀门（管件）螺纹拧入管端螺纹2~3牙。

❸ 用管子钳夹住靠管端螺纹阀门端部，按顺时针方向拧紧阀门。

（2）阀门与短螺纹的连接。

安装短螺纹　　　　　　　　　　紧固

❶ 将另一管段的带螺纹端缠好填料，并拧入已连接好的阀门中2~3牙。

❷ 一手用管子钳夹住已经拧紧的阀门一端，保持阀门位置不变，另一只手用管子钳慢慢拧需拧紧的管段。

（3）长螺纹连接。

旋入散热器

旋出并与器具连接

紧固

❶ 安装前，短螺纹的一端如有管件时，应缠好填料，并应预先将锁紧螺母拧到长螺纹的底部。然后不要缠填料，将长螺纹全部拧入散热器内。

❷ 往回倒出，与此同时，使管子的另一端的短螺纹按短螺纹连接方法拧入管件中或达到预定位置。

❸ 拧转锁紧螺母，使锁紧螺母靠近散热器。当锁紧螺母与散热器有3~5mm间隙时，在间隙中缠以适量的麻丝或石棉绳，缠绕方向要与锁紧螺母旋紧的方向相同，以防填料松脱，再用合适的扳手拧转锁紧螺母，并压紧填料。

（4）活接头连接。

安装公、母口

❶ 将套母放在公口一端，并使套母有内螺纹的一面向着母口，分别将公口、母口与管子短螺纹连接好，其方法同短螺纹连接方法。

对正

连接公口、母口

❷ 将长螺纹旋出，使公口、母口对正，在公口处加上石棉纸板垫或胶板垫，垫的内、外径应与插口相符。拧紧锁紧螺母。

❸ 拧紧套母连接公口和母口。如公口、母口不对平找正，应及时纠正。

### 2.1.2 支架的安装方法

#### 1. 膨胀螺栓固定支架安装

膨胀螺栓安装

按支架位置划线，定出锚固件的安装位置，用冲击电钻，在膨胀螺栓的安装位置处钻孔，孔径与套管外径相同，孔深为套筒长度加15mm并与墙面垂直。

#### 2. 预埋铁件焊接支架安装

预埋件焊接

在预埋钢板或钢结构型钢上划线，定出支架的安装位置。

采用焊条电弧焊将支架横梁口点焊固定，用水平尺和锤子来找平找正，最后完成全部焊接。

### 3. 弯管固定托架

当水平管道向上垂直弯曲成为立管敷设时，除在立管上安装支承立管支架外，在弯管处还要用固定托架将立管托住。

弯管托架

## 2.1.3 PVC塑料管的连接

### 1. 塑料管的切断

打开剪口

❶ 打开剪口。

入管

❷ 将管子垂直放入钳口中，应边缓慢转动管子边进行裁剪，使刀口易于切入管壁。

渐进加力剪断

❸ 刀口切入管壁后，应停止转动PVC管，继续裁剪，直至管子切断为止。

### 2. 塑料管的连接

（1）冷态粘接。

涂粘合剂

❶ 先将开好坡口的管端、承口内表面的油污擦干净，再用丙酮仔细擦拭。待干净后再在管端外表和插口内面涂抹0.2~0.3mm厚的由质量分数为20%的过氯乙烯树脂和质量分数为80%的丙酮相混合的粘合剂。

❷ 将管端插入承口内即可。

插入承口

（2）热熔连接。

安装模具

❶ 使用热熔机时，先选择合适的加热模具，安装在机头上。

接通电源

❷ 接通普通单相电源（220V），指示灯亮时表示开始工作。

升温

❸ 升温时间约6min，指示灯变为红色，表示可以焊接。

加热

❹ 做好熔焊深度及方向标记，无旋转地把管端、管件插入加热头，到规定标志处。

取出

❺ 达到加热时间后，立即把管材与管件从加热套与加热头上同时取下。

焊接

❻ 迅速无旋转地直线均匀插入所标深度，使接头处形成均匀凸缘。

## 2.1.4 铝塑复合管的安装

### 1. 管与管的螺纹连接

插入C形铜环

❶ 用剪管刀将管子剪截成所要长度，穿入螺母及C形铜环。

管件内芯压入管腔

❷ 将管件内芯接头的全长压入管腔。

拉回C形铜环

❸ 拉回螺母和铜环，并将螺母带紧。

拧紧

❹ 用扳手把螺母拧紧至C形铜环开口闭合为宜。

### 2. 管与配件的连接

安装管接头

❶ 按管与管的连接方法将过渡管件与铝塑管连接。

缠绕填料

❷ 在管件上缠绕聚四氟乙烯生料带。

插入管螺纹

❸ 将配件旋入过渡管件螺纹。

拧紧

❹ 用管子钳拧紧。

## 2.2 室内给水管道的安装

### 2.2.1 室内给水管道的组成与布置

1. 室内给水管道的组成

室内给水系统一般由引入管、水表节点、水平干管、立管、支管、卫生器具的配水嘴或用水设备组成。

此外，当室外管网中的水压不足时，尚需设水泵、水箱等加压设备。

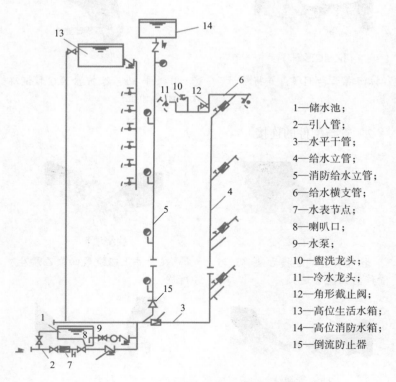

1—储水池；

2—引入管；

3—水平干管；

4—给水立管；

5—消防给水立管；

6—给水横支管；

7—水表节点；

8—喇叭口；

9—水泵；

10—盥洗龙头；

11—冷水龙头；

12—角形截止阀；

13—高位生活水箱；

14—高位消防水箱；

15—倒流防止器

建筑内部给水系统的组成

## 2. 室内给水管道的布置

（1）下行上给式。

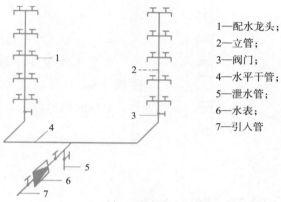

1—配水龙头；
2—立管；
3—阀门；
4—水平干管；
5—泄水管；
6—水表；
7—引入管

下行上给式给水系统

水平干管直接埋设在底层或设在专门的地沟内或设在地下室天花板下，自下而上供水。

（2）上行下给式。

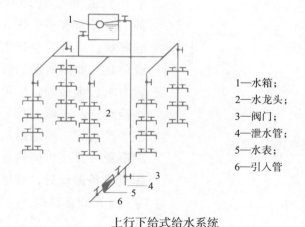

1—水箱；
2—水龙头；
3—阀门；
4—泄水管；
5—水表；
6—引入管

上行下给式给水系统

水平干管明设在顶层天花板下或暗设在吊顶层内，自上而下供水。

（3）中行分给式。

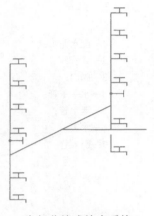

中行分给式给水系统

水平干管设在建筑物底层楼板下或中层的走廊内，向上、下双向供水。

（4）环状式。

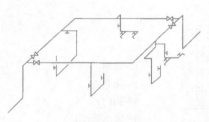

环状式给水系统

环状式给水系统分为水平环状式和立管环状式两种。前者为水平干管支架连成环状，后者为立管之间连成环状，如图所示。管道布置力求长度最短，尽可能呈直线走向，一般与墙、梁、柱平行布置。埋地给水管道应避免布置在可能被重物压坏或设备振动处；管道不得穿过生产设备基础。

3. 室内给水管道的敷设

（1）明装。

管道在建筑物内沿墙、梁、柱、地板暴露敷设。这种敷设方式的优点：造价低，安装维修方便；缺点：由于管道表面易积灰、产生凝结水而影响环境卫生和房屋美观。一般民用和工业建筑中多采用明装。

室内上水管道明装

（2）暗装。

管道敷设在地下室、天花板下或吊顶中，或在管井、管槽、管沟中隐蔽敷设。这种敷设方式的优点：室内整洁、美观；缺点：施工复杂，维护管理不便，工程造价高。

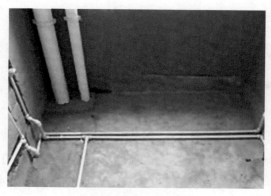

室内上水管道暗装

## 2.2.2　给水管道的安装方法

### 1．预留孔的做法

管道穿楼板预留孔做法

预留孔洞尺寸　　（mm）

| 管径 | 50以下 | 50～100 | 125～150 |
|------|--------|---------|----------|
| 孔洞尺寸 | 200×200 | 300×300 | 400×400 |

管道穿过基础、墙壁和楼板时，应配合土建留洞和预埋套管等。

### 2．引入管安装

管道穿楼板预留孔做法

敷设引入管时，应有不小于0.003的坡度坡向室外。引入管穿建筑物基础时，应预留孔洞或钢套管。保持管顶的净空尺寸不小于150mm。预留孔与管道间空隙用黏土填实，两侧用质量比为1：2的水泥砂浆封口。引入管的埋深，通常敷设在冰冻线以下20mm，覆土不小于0.7m。

### 3．干管安装

干管明装方法

明装管道的干管沿墙敷设时，管外皮与墙面净距一般为30～50mm，用角钢或管卡将其固定在墙上，不得有松动现象。

暗装管道的干管，当管道敷设在顶棚里，冬季温度低于0℃时，应考虑保温防冻措施。给水横管宜有0.002～0.003的坡度坡向泄水装置。

### 4. 立管安装

立管明装方法

立管上水、下水、暖气管位置

❶ 立管一般沿墙、梁、柱或墙角敷设。立管的外皮到墙面净距离，当管径不大于32mm时，应为25~35mm；当管径大于32mm时，应为30~50mm。立管卡子的安装高度一般为1.5~1.8m。立管穿层楼板时，宜加套管。

❷ 给水立管与排水立管并行时，应置于排水立管的外侧；与热水立管并行时，应置于热水立管的右侧。

### 5. 支管安装
（1）明装支管。

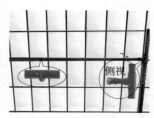

支管明装方法

将预制好的支管从立管甩口依次逐段进行安装，有阀门的应将阀门盖卸下再安装。核定不同卫生器具的冷热水预留口高度，位置是否准确，再找坡找正后栽支管卡件，上好临时螺纹堵头。

（2）暗装支管。

支管暗装方法

给水支管的安装一般先做到卫生器具的进水阀处，以下管段待卫生器具安装后进行连接。

横支管暗装墙槽中时，应把立管上的三通口向墙外拧偏一个适当角度，当横支管装好后，再推动横支管使立管三通转回原位，横支管即可进入管槽中。找平找正定位后固定。

### 6. 水表的安装

水表的安装

❶ 安装时应使水流方向与外壳标志的箭头方向一致，不可装反。

❷ 水表前后均应设置阀门，并注意方向性。

❸ 对于明装在建筑物内的分户水表，表外壳距墙表面不得大于30mm，水表的后面可以不设阀门和泄水装置，而只在水表前装设一个阀门。

## 2.3 室内排水管道的安装

### 2.3.1 室内排水系统的组成

室内排水系统由污（废）水收集器、器具排水管、排水横支管、排水立管、排出管、通气管和清通设备、抽升设备、局部污水处理构筑物组成。

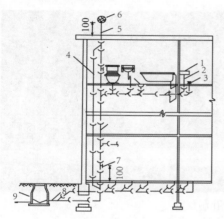

1—洗涤盆；

2—支管；

3—清扫口；

4—通气立管；

5—伸顶通气管；

6—网罩；

7—检查口；

8—排出管；

9—窨井

排水系统构件

### 2.3.2 室内排水管道安装的几个问题

1. 排水横支管的安装

（1）悬吊敷设。

悬吊管不得布置在遇水引起燃烧、爆炸或损坏的原料、产品和设备上面，不得敷设在生产工艺或卫生有特殊要求的生产房内，不得敷设在食品和贵重商品仓库、通风小室和变配电间内。

排水横支管的悬吊安装

排水横支管的地面暗装

（2）地面暗装。

埋地排水横管应避免布置在可能被重物压坏处。管道不得穿越生产设备基础。

2．排水立管的安装

（1）孔洞预留。

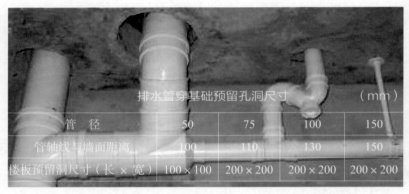

| 排水管穿基础预留孔洞尺寸 | | | | （mm） |
| --- | --- | --- | --- | --- |
| 管　径 | 50 | 75 | 100 | 150 |
| 管轴线与墙面距离 | 100 | 110 | 130 | 150 |
| 楼板预留洞尺寸（长×宽） | 100×100 | 200×200 | 200×200 | 200×200 |

孔洞预留

排水立管通常沿卫生间墙角敷设，对于现浇楼板应预留孔洞，没有预留时应用水钻打孔。

立管安装方法

（2）安装方法。

安装立管时，最好两人配合，一人在上层楼板上用绳拉，一人在下面托，把管子移到对准下层承口时将立管插入，下层的人要把甩口（三通口）的方向找正，随后吊直。

排水立管的墙角明装

（3）墙角明装。

建筑物有特殊要求时，可在管槽、管井暗装。考虑到安装和检修方便，在检查口处设检修门。

没有通气立管的设置

（4）与排水支管的连接位置。

接有大便器的污水管道系统如无专用通气立管或主通气立管，在排出管或排水横干管管底以上0.7m的立管管段内不得连接排水支管。

检查口的设置

（5）检查口的设置。

规定在立管上除建筑最高层及最低层必须设置外，可每隔两层设置一个。检查口设置高度一般距地面1m，应高出该层卫生器具上边缘0.15m，与墙面成45°夹角。

伸缩节的设置

（6）伸缩节的设置。

当层高不大于4m时，应每层设置一个伸缩节；当层高大于4m时，应按计算伸缩量来选伸缩节数量。住宅内安装伸缩节的高度为距地面1.2m，伸缩节中预留间隙为10～15mm。

上下水管井暗装

（7）管井暗装。

排水立管如建筑物有特殊要求时，可在管槽、管井暗装。考虑到安装和检修方便，在检查口处设检修门。

### 3. 通气管安装

通气管安装

通气管应高出屋面0.3m以上，并且应大于最大积雪厚度，以防止雪掩盖通气管口。对于平屋顶，若经常有人逗留，则通气管应高出屋面2.0m。通气管上应做铁丝球（网罩）或透气帽，以防杂物落入。

### 4. 管道固定方法
（1）吊顶横装。

吊顶横装

| 管径 | | 50 | 75 | 110 | 125 | 160 |
|---|---|---|---|---|---|---|
| 支吊架最大间距（m） | 横管 | 0.5 | 0.75 | 1.10 | 1.30 | 1.6 |
| | 立管 | 1.2 | 1.5 | 2.0 | 2.0 | 2.0 |

可采用吊卡固定。

沿墙立管

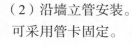（2）沿墙立管安装。
可采用管卡固定。

排水管的固定

（3）沿墙横装。
可采用支架固定。

## 2.4　室内采暖管道的安装

### 2.4.1　热水采暖系统的组成

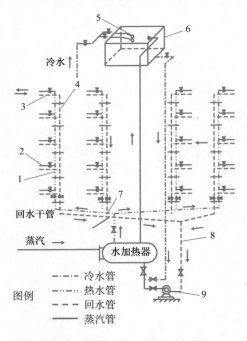

冷水

回水干管

蒸汽

水加热器

图例

--·--　冷水管
--··--　热水管
-----　回水管
——　蒸汽管

室内热水采暖系统由热水锅炉、供水管道、集气罐、回水管道、膨胀水箱及循环水泵组成。

热水采暖系统构件

1—配水立管；
2—配水支管；
3—回水支管；
4—回水立管；
5—浮球阀；
6—给水箱；
7—配水干管；
8—回水总管；
9—循环水泵

### 2.4.2　热水采暖系统管道的安装

1. 热力入口装置的安装

热力入口装置安装

入口阀门采用法兰连接，管道采用焊接，闸阀采用法兰连接，其开关手柄应朝向外侧，以保证操作方便。

2. 干管的安装

（1）排气及泄水装置的设置。

排气装置设置

❶ 干管的高位点设排气装置。

泄水装置设置

❷ 高管的低位点设泄水装置。

（2）孔洞预留。

| 预留孔洞尺寸 (mm) | | | |
|---|---|---|---|
| 管道名称及规格 | | 明装留孔尺寸 长×宽 | 暗装墙槽尺寸 宽×深 |
| 供热主干管 | DN ≤ 80 DN=100 ~ 125 | 300×250 350×300 | —— |
| 供热立管 | DN ≤ 25 DN=32 ~ 50 DN=70 ~ 100 DN=125 ~ 150 | 100×100 150×150 200×200 300×300 | 130×130 150×130 200×200 |
| 散热器支管 | DN≤25 DN=32 ~ 40 | 100×100 150×130 | 60×60 150×100 |

孔洞预留

　　根据施工图的干管位置、走向、标高和坡度，弹出管子安装的坡度线。如未留孔洞，应打通干管穿越的隔墙洞。

（3）位置确定。

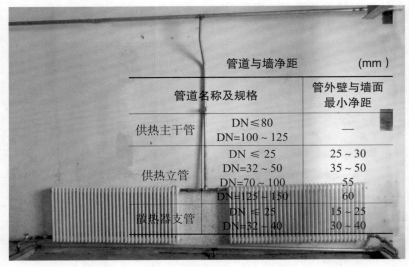

| 管道与墙净距 | | (mm) |
| --- | --- | --- |
| 管道名称及规格 | | 管外壁与墙面<br>最小净距 |
| 供热主干管 | DN≤80<br>DN=100~125 | — |
| 供热立管 | DN≤25 | 25~30 |
| | DN=32~50 | 35~50 |
| | DN=70~100 | 55 |
| | DN=125~150 | 60 |
| 散热器支管 | DN≤25 | 15~25 |
| | DN=32~40 | 30~40 |

位置确定

　　干管应具有一定的坡度，通常为0.003，不得小于0.002。当干管与膨胀水箱连接时，干管应做成向上的坡度。通常干管坡向末端装置。

　　（4）干管通过建筑物的安装。

过墙

❶ 采暖管道穿过墙壁和楼板时，一般房间采用镀锌铁皮套管，厨房和卫生间应用钢套管。安装穿楼板的套管时，套管上端应高出地面20mm，套管下端与楼板面相平。安装穿墙套管时，两端应与墙壁装饰面平。

过门

❷ 过口应设管沟，上加盖板。

过柱

❸ 过柱应用45°弯头焊接。

过垛

❹ 过垛采用90°弯头焊接。

（5）干管与支管连接。

横干管与上侧支管的连接

❶ 上侧采用乙字弯在干管上焊上短螺纹管头的方法，以便于立管的螺纹连接。

横干管与下侧支管的连接

❷ 下侧采用直接焊接短螺纹管头的方法，以便于与弯头的连接。

### 3. 支管安装

支管的安装

支管安装时均应有坡度。当支管全长不大于500mm时，坡度值为5mm；大于500mm时，坡度值为10mm。当一根立管连接两根支管时，其中任一根超过500mm，其坡度值均为10mm。当散热器支管长度大于1.5m时，应在中间安装管卡或托钩。

## 4. 热熔管道做法

与暖气片活接连接

❶ 热熔管与暖气片采用短螺纹加活接连接。

乙字弯做法

❷ 乙字弯采用两个45°弯头加短管制作。

两管交叉

❸ 两管交叉时采用两个乙字弯绕过。

绕过柱

❹ 绕过柱是用90°弯头预制。

膨胀支架

❺ 支架的设置与铝塑管相同。

与铁管连接

❻ 与铁管连接采用过渡件加活接。

### 2.4.3 柱型散热器的安装

1. 挂壁安装

（1）定位。

定位

参照散热器外形尺寸表及施工规范，用散热器托钩定位画线尺、线坠，按要求的托钩数，分别定出上下各托钩的位置，放线、定位，做出标记。

（2）栽托钩。

栽托钩

托钩位置定好后，用錾子或冲击钻在墙上按画出的位置打孔洞。固定卡孔洞的深度不少于80mm，托钩孔洞的深度不少于120mm，现浇混凝土墙的深度不少于100mm。

（3）散热器就位。

将散热器挂在托钩上，注意位置必须正确。

就位

（4）安装管子。

管子的安装参见干管与支管连接部分。

2. 落地安装

（1）托架安装。

将预制好的托架放在设置位置，用水平尺找正找直。如果散热器安装在轻质结构墙上，还应设置固定卡。

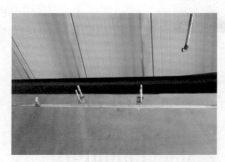

托架安装

（2）放置散热器。

将散热器轻轻抬起落座在托架上，用水平尺找平找正、找直、垫稳。

（3）配管。

配管的安装参见干管与支管连接部分。

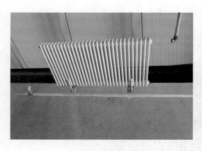

放置散热器　　　　　　　　　　　　配管

## 2.5　卫生器具的安装

### 2.5.1　通用做法

1. 大便器与洗面器距离

（1）大便器与洗面器并列。

大便器与洗面器并列

洗面器与大便器并列，从大便器的中心至洗面器的边缘应不小于350mm，距边墙面不小于380mm。

（2）大便器与洗面器对面。

大便器与洗面器对面

❶ 大便器至对面墙壁的最小净距应不小于460mm。
❷ 洗面器设在大便器对面，两者净距不小于760mm。洗面器边缘至对面墙壁应不小于460mm。

2. 冷热水管的距离

冷热水管距离

❶ 无论明装还是暗装，冷热水支管的间距为70mm。
❷ 冷热水支管并排明装，冷水支管距地坪应为380mm。
❸ 安装高度允许偏差：单独器具±10mm、成排器具±5mm。

## 3. 水管暗装方法

### （1）镂槽。

镂槽

根据卫生器具预留安装位置，为了节省空间，可在墙上用钎子镂槽，槽的高度应略高于水管伸出墙的位置。

### （2）配管。

配管

注意冷热水管的距离要求，固定点距离按有关规定进行。

## 4. 室内给水系统试压

### （1）注水。

注水

❶ 将室内给水引入管外侧管端用堵板堵严，在室内各配水设备不安装情况下，将敞开管口堵严，打开管路中各阀门，在试压管道系统的最高点处设置排气阀。

❷ 连接临时试压管路，向系统直接进水，待最高排气阀出水时关闭。过一段时间后，继续向系统内灌水，排气阀出水无气泡，表明管道系统已注满水。

（2）升压及强度试验。

给水管道试验压力均为工作压力的 1.5 倍，但不得小于 0.6MPa。

试压

拆除临时管道，快速接上试压泵，先缓缓升至工作压力，停泵检查各类管道接口、管道与设备连接处，当阀门及附件、各部位无渗漏、无破裂时，可分2～4次将压力升至试验压力。待管道升至试验压力后，停泵并稳压10min，对于金属管及复合管，压力降不大于0.02MPa，塑料管在试验压力下稳压1h，压力降不大于0.05MPa，表明管道系统强度试验合格。

## 2.5.2 洗面器的安装

1. 台上洗面器的明装

（1）配管。

配管

配管的方法同水管暗装。

（2）打孔。

| 洗面器的安装高度 | | | （mm） |
| --- | --- | --- | --- |
| 卫生器具的名称 | 卫生器具安装高度 | | 备注 |
| | 居住和公共建筑 | 幼儿园 | |
| 洗涤盆（池） | 800 | 800 | 自地面至器具上边 |
| 洗面器和洗手盆（有塞、无塞） | 800 | 500 | |

打孔

根据安装高度和支持板上孔距，在墙上用电锤打孔。

（3）安装支持板。

安装支持板

将支持板支架穿入膨胀螺栓，拧紧。

（4）安装排水管。

安装排水管

将洗面器放在支持板上，两孔对正，安装下水管并插入预留管密封。

（5）安装上水管。

安装上水管

将水龙头固定在支持板预留孔上，用蛇皮管连接冷热水。

## 2. 台上洗面器暗装

预埋水管

暗装水管

❶ 暗装台上洗面器，给、排水管都一起镂槽下到墙内，注意水管距离不够时可以用石棉物隔离。

❷ 暗装水管方法与明装基本相同。注意存水弯与排水管连接时，应缠两圈油麻，再用油灰密封。

## 3. 挂壁式洗面器暗装

洗面器暗装

安装方法与台上洗面器基本相同，异径接头由塑料管件生产厂家提供。

### 2.5.3 污水盆的明装

1. 排水口预留

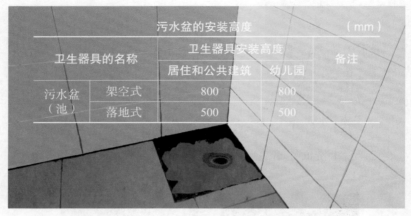

| 污水盆的安装高度 | | | （mm） |
|---|---|---|---|
| 卫生器具的名称 | 卫生器具安装高度 | | 备注 |
| | 居住和公共建筑 | 幼儿园 | |
| 污水盆（池） 架空式 | 800 | 800 | — |
| 落地式 | 500 | 500 | |

排水口预留

根据安装位置预留排水口，待土建抹平地面。

2. 安装底座

安装底座

将底座放在地面上，放正、安稳，如果不平，可用水泥砂浆填充，并将底座抹在一起。

3. 放置水盆

放置水盆

4. 配管

配管

### 2.5.4 大便器的安装

1. 蹲式大便器的安装

（1）抹油麻和腻子。

抹油麻和腻子

先在预留的排水支管甩口上安装橡胶碗并抹油麻和腻子（一台阶P形存水弯在土建施工中已经安装好）。

（2）安装大便器。

安装大便器

采用水泥砂浆稳固大便器底，其底座标高应控制在室内地面的同一高度，将排水口插入排水支管甩口内，用油麻和腻子将接口处抹严抹平。用水平尺对便器找平找正，调整平稳。

（3）连接冲洗管。

连接冲洗管

冲洗管与便器出水口用橡胶碗连接，用14号铜丝错开90°拧紧，绑扎不少于两道。

（4）地面安装。

地面安装

橡皮碗周围应填细砂，便于更换橡皮碗及吸收少量渗水。在采用花岗岩或通体砖地面面层时，应在橡皮碗处留一小块活动板，便于取下维修。

（5）配管。

配管

根据阀门安装高度和进水管方向，将塑料管预制后，逐一安装。

（6）高水箱式安装。

（a）实物图

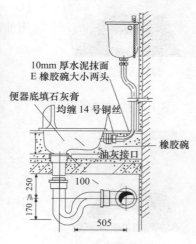

10mm 厚水泥抹面
E 橡胶碗大小两头
便器底填石灰膏
均缠 14 号铜丝

油灰接口

橡胶碗

170 ≥ 250

100

505

（b）侧视图

高水箱蹲式大便器安装

采用高水箱安装时，在墙面画线定位，将水箱挂装稳固。若采用木螺钉，应预埋防腐木砖，并凹进墙面10mm。固定水箱还可采用φ6mm以上的膨胀螺栓。

2. 低水箱座式大便器的安装

（1）预埋管子。

根据安装位置进行给排水管子敷设。

预埋管子

大便器的安装高度　　　　　　　　（mm）

| 卫生器具的名称 | | 卫生器具安装高度 | | 备注 |
|---|---|---|---|---|
| | | 居住和公共建筑 | 幼儿园 | |
| 蹲式大便器 | 高水箱 | 1800 | 1800 | 自台阶面至高水箱底 |
| | 低水箱 | 900 | 900 | 自台阶面至低水箱底 |
| 坐式大便器 | 高水箱 | 1800 | 1800 | 自地面至高水箱底 |
| | 低水箱 外露排出管式 | 510 | — | 自地面至低水箱底 |
| | 低水箱 虹吸喷射式 | 470 | 370 | |

（2）安装缩口。

缩口内外都要涂抹密封胶。

安装缩口

（3）安装坐便器。

将坐便器排出管口和排水甩头对准，找正找平，使坐便器落座平稳。

安装坐便器

（4）配管。

坐便器与上水管常用蛇皮管连接。

配管

（5）外部密封。

用玻璃胶封闭底盘四周。

外部密封

### 2.5.5 小便器的安装

1. 挂壁式小便器的明装

（1）预埋。

| 小便器的名称 | 卫生器具安装高度 | | 备注 |
| --- | --- | --- | --- |
| | 居住和公共建筑 | 幼儿园 | |
| 挂式小便器 | 600 | 450 | 自地面至下边缘 |
| 小便槽 | 200 | 150 | 自地面至台阶面 |

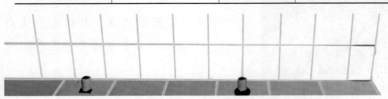

预埋

根据安装位置，将排水甩头布置好，由土建抹平地面。

（2）安装反水弯。

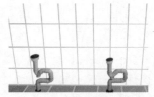

安装反水弯

反水弯可以做成P形，也可做成S形。

（3）打孔。

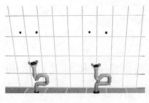

打孔

根据安装位置用水钻在墙上打固定孔，条件允许时，可以预埋托钩。

（4）安装小便器。

安装小便器

将小便器挂在托钩上，下侧用螺栓紧固。

（5）配管。

配管

在分支进水处设置一个阀门，在各小便器入水口设置延时缓冲阀一个。

2．暗装

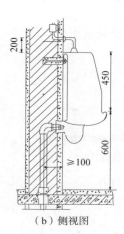

（a）实物图　　　　　　（b）侧视图

挂壁式小便器的暗装

　　土建制作装饰墙面时，水暖工配合安装铜法兰和与其连接的钢管，并安装与小便器出水管相连接的塑料管。

3．平面式小便器的安装

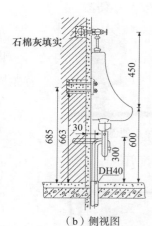

（a）实物图　　　　　　（b）侧视图

平面式小便器的安装

平面式小便器的安装参照挂壁式小便器做法。

### 2.5.6 浴盆及淋浴器的安装

1. 淋浴器的安装

（1）管子敷设。

安装后阀门距地面高度为1.15m，并注意冷热水管的间距。

管子敷设

（2）预埋。

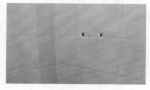

预留内螺纹长度以镶贴后平齐为宜。

预埋

（3）阀门安装。

用活接头与冷、热水的阀门连接。

阀门安装

（4）安装喷头。

混合管上端应设一单管卡。先安装螺母，调整喷头高度和方向，最后拧紧螺母。

安装喷头

## 2. 浴盆安装

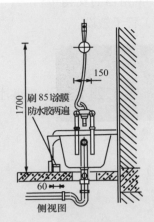

浴盆安装

❶ 浴盆的溢水口与三通的连接处应加橡胶垫圈。排水管端部用石棉绳抹油灰。

❷ 给水管暗装时，配件的连接短管应先套上压盖，与墙内给水管螺纹连接，用油灰压紧压盖，使之与墙面接合严密。

❸ 浴盆安装时应使盆底有2%的坡度，坡向浴盆的排水口。

# 第 3 章

## 室内配线

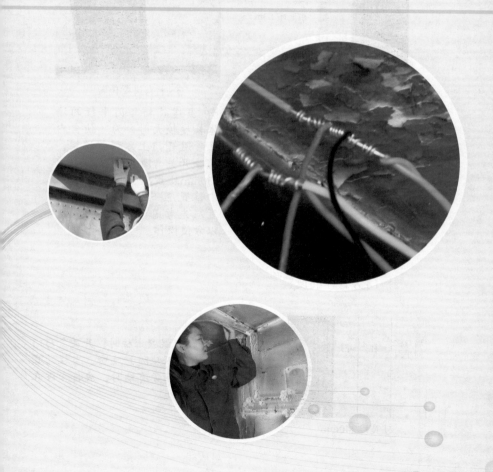

# 3.1 器具盒位置的确定

## 3.1.1 跷板（扳把）开关盒位置的确定

### 1. 一般盒位的设置

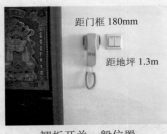

翘板开关一般位置

门上有过梁位置

❶ 暗装扳把或跷板及触摸开关盒，一般应在室内距地坪1.3m处埋设，在门旁时盒边距门框（或洞口）边水平距离应为180mm。

❷ 当建筑物与门平行的墙体长度较大时，为了使盒内立管避开门上方预制过梁，门旁开关盒也可在距门框边250mm处设置，但同一工程中位置应一致。开关盒的设置应先考虑门的开启方向，以方便操作。

### 2. 门旁有柱的设置

柱宽度240mm

❶ 门框旁设有混凝土柱时，开关盒与门框边的距离也不应随意改变，当柱的宽度为240mm且柱旁有墙时，应将盒设在柱外贴紧柱子处。

柱宽度为370mm

柱370mm边无墙

② 当柱宽度为370mm时，应将86系列（75mm×75mm×60mm）开关盒埋设在柱内距柱旁180mm的位置上。

③ 当柱旁无墙或柱子与墙平面不在同一直线上时，应将开关盒设在柱内中心位置上。如果开关盒为146系列（135mm×75mm×60mm），就无法埋设在柱内，只能将盒位改设在其他位置上。

### 3. 门旁墙垛

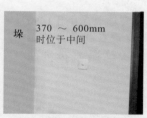

盒与门旁墙垛的位置关系

① 在确定门旁开关盒位置时，除了门的开启方向外，还应考虑与门平行的墙垛的尺寸，设置86系列盒时，最小应有370mm；设置146系列盒时，墙垛的尺寸不应小于450mm，盒也应设在墙垛中心处。例如，门旁墙垛尺寸大于700mm时，开关盒位就应在距门框边180mm处设置。

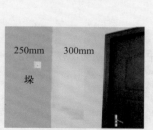

盒边距墙250mm

② 在门旁边与开启方向相同一侧的墙垛小于370mm，且有与门垂直的墙体时，应将开关盒设在此墙上，盒边应距与门平行的墙体内侧250mm。

盒边距墙1m

③ 在与门开启方向一侧墙体上无法设置盒位，而在门后有与门垂直的墙体时，开关盒应设在距与门垂直的墙体内侧1m处，防止门开启后开关被挡在门后。

## 4. 门后拐角墙

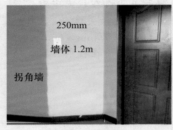

拐角墙长1.2m

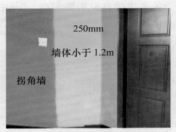

拐角墙长小于1.2m

❶ 当门后有拐角长为1.2m的墙体时，开关盒应设在墙体门开启后的外边，距墙拐角250mm处。

❷ 当此拐角墙长度小于1.2m时，开关盒设在拐角另一面的墙上，盒边距离拐角处250mm。

## 5. 两门中间墙体

中间墙体宽为0.37～1.0m

❶ 建筑物两门中间墙体宽为0.37～1.0m，且此墙处设有一个开关位置时，开关盒宜设在墙躁的中心处。

距门180mm

中间墙体宽大于1.2m

❷ 若两门中间墙体超过1.2m，应在两门边分别设置开关盒，盒边距门180mm。

## 6. 楼梯间

从此处测量1.3m

楼梯踏步上方
开关盒位置图

楼梯间的照明灯控制开关应设在方便使用和利于维修之处，不应设在楼梯踏步上方。当条件受限制时，开关距地高度应以楼梯踏步表面确定标高。

## 7. 厕所开关盒位置

厕所开关盒位置图

厨房、厕所（卫生间）、洗漱室等潮湿场所的开关盒应设在房间的外墙处。

## 8. 走廊灯开关盒位置

走廊灯开关盒位置图

走廊灯的开关盒应在距灯位较近处设置，当开关盒距门框（或洞口）旁不远处时，也应将盒设在距门框（或洞口）边180mm或250mm处。

### 9. 壁灯开关盒位置

壁灯（或起夜灯）的开关盒应设在灯位盒的正下方，并在同一垂直线上。

壁灯开关盒位置图

## 3.1.2 插座盒位置的确定

### 1. 民宅插座位置

高度1.3m

普通插座位置图

❶ 插座盒一般应在距室内地坪1.3m处埋设，潮湿场所其安装高度应不低于1.5m。

❷ 托儿所、幼儿园及小学校、儿童活动场所，应在距室内地坪不低于1.8m处埋设。

❸ 住宅楼餐厅内只设计一个插座时，应首先考虑在能放置冰箱的位置处设置插座盒。设有多个三眼插座盒时，应装在橱柜上或橱柜对面墙上。

普通插座位置图

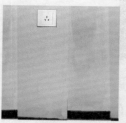

柱上插座位置图

吸油烟机插座位置图

❹ 插座盒与开关盒的水平距离不宜小于250mm。

❺ 墙跺或柱宽为370mm时，应设在中心处，以求美观大方。

❻ 住宅厨房内设置供吸油烟机使用的插座盒应设在煤气台板的侧上方。

## 2. 车间插座位置

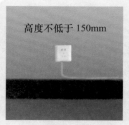

高度不低于150mm

车间插座位置图

① 在车间及实验室安装插座盒，应在距地坪不低于300mm处埋设；特殊场所一般不应低于150mm，但应首先考虑好与采暖管的距离。
② 插座盒不应设在室内墙裙或踢脚板的上皮线上，也不应设在室内最上皮瓷砖的上口线上。
③ 为了方便插座的使用，在设置插座盒时应事先考虑好，插座不应被挡在门后。

## 3. 注意事项

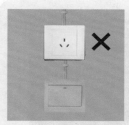

跷扳开关上方
不能设插座盒

① 在跷板等开关的垂直上方，不应设置插座盒。

拉线开关下方
不能设插座盒

② 在拉线开关的垂直下方，不应设置插座盒。

柱宽小于370mm
不能设插座盒

③ 插座盒不宜设在宽度小于370mm的墙跺（或混凝土柱）上。

### 3.1.3 照明灯具位置的确定

#### 1. 墙柱上安装

灯具柱上安装

室外照明灯具在墙上安装时，不可低于2.5m；室内灯具一般不应低于2.4m。

#### 2. 楼（屋）面板上灯位盒位置确定

棚顶单灯

棚顶双灯

❶ 预制空心楼板，室内只有一盏灯时，灯位盒应设在接近屋中心的板缝内。由于楼板宽度的限制，灯位无法在中心时，应设在略偏向窗户一侧的板缝内。

❷ 如果室内设有两盏（排）灯，两灯位之间的距离应尽量等于墙距离的2倍。如室内有梁时，灯位盒距梁侧面的距离应与距墙的距离相同。

## 3.2 绝缘子线路配线

### 3.2.1 绝缘子的安装

#### 1. 画线

用粉线袋画线

用粉线袋画出导线敷设的路径，再用铅笔或粉笔画出绝缘子位置，当采用$1 \sim 2.5mm^2$截面的导线时，绝缘子间距为600mm；采用$4 \sim 10mm^2$截面的导线时，绝缘子间距为800mm。然后在每个开关、灯具和插座等固定点的中心处画一个"×"号。

#### 2. 凿孔

用电锤凿孔

按画线的定位点用电锤钻凿孔，孔深按实际需要而定。

### 3. 安装木榫或其他紧固件

安装木榫

埋设木榫或缠有铁丝的木螺钉，然后用水泥砂浆填平。

### 4. 安装绝缘子

在砖墙上安装绝缘子

在木结构上安装绝缘子

当水泥砂浆干燥至相当硬度后，旋出木螺钉，装上绝缘子或木台。木结构上固定绝缘子，可用木螺钉直接旋入。

## 3.2.2 导线绑扎

### 1. 终端导线的绑扎

绑回头线

❶ 将导线余端从绝缘子的颈部绕回来。

压线头

❷ 将绑线的短头扳回压在两导线中间。

缠绕公卷

❸ 手持绑线长线头在导线上缠绕10圈。

缠绕单卷

❹ 分开导线余端，留下绑线短头，继续缠绕绑线5回，剪断绑线余端。绑线的线径及绑扎回数见下表。

绑扎线直径选择

| 导线截面面积（mm²） | 绑线直径（mm） | | | 绑线卷数 | |
|---|---|---|---|---|---|
| | 砂包铁芯线 | 铜芯线 | 铝芯线 | 公卷数 | 单卷数 |
| 1.5 ~ 10 | 0.8 | 1.0 | 2.0 | 10 | 5 |
| 10 ~ 35 | 0.89 | 1.4 | 2.0 | 12 | 5 |
| 50 ~ 70 | 1.2 | 2.0 | 2.6 | 16 | 5 |
| 95 ~ 120 | 1.24 | 2.6 | 3.0 | 20 | 5 |

## 2. 直线段单花绑法

右侧绕两圈

❶ 绑线长头在右侧缠绕导线两圈。

 绑扎方法选择：导线截面面积在6mm$^2$以下的采用单花绑法，导线截面面积在10mm$^2$以上的采用双绑法。

背后缠绕

❷ 绑线长头从绝缘子颈部后侧绕到左侧。

左侧绕两圈

❸ 绑线长头在左侧缠绕导线两圈。

后侧互绞

❹ 长短绑线从后侧中间部位互绞两回，剪掉余端。

## 3. 直线段双花绑法

右侧绕两圈

❶ 绑线在绝缘子右侧上边开始缠绕导线两回。

向左压住导线

❷ 绑线从绝缘子前边压住导线绕到左上侧。

| 绑线缠绕 | 左侧绕两圈 | 后侧互绞 |

③ 绑线从绝缘子后侧绕回右上侧，再压住导线回到左下侧。

④ 绑线在绝缘子左侧缠绕导线两圈。

⑤ 绑线两头从后侧中间部位互绞两回，剪掉余端。

### 3.2.3 导线安装的要求

#### 1. 侧面安装

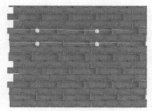

建筑物侧面安装

在建筑物的侧面或斜面配线时，必须将导线绑扎在绝缘子的上方。

#### 2. 转角

同平面转角

① 转弯时如果导线在同一平面内转弯，则应将绝缘子敷设在导线转弯拐角的内侧。

不同平面转角

② 如果导线在不同平面转弯，则应在凸角的两面上各装设一个绝缘子。

### 3. 分支与交叉

分支与交叉

导线分支时，必须在分支点处设置绝缘子，用以支持导线。导线相互交叉时，应在交叉部位的导线上套瓷管保护。

### 4. 平行安装

配线安装

平行的两根导线，应位于两绝缘子的同一侧（见侧面安装）或位于两绝缘子的外侧，而不应位于两绝缘子的内侧。

绝缘子沿墙壁垂直排列敷设时，导线弛度不得大于5mm；沿屋架或水平支架敷设时，导线弛度不得大于10mm。

## 3.3 护套线配线

### 3.3.1 弹线定位

1. 导线定位

用粉袋画线

根据设计图纸要求，按线路的走向，找好水平和垂直线，用粉线沿建筑物表面由始端至终端画出线路的中心线，同时标明照明器具及穿墙套管和导线分支点的位置，以及接近电气器具旁的支持点和线路转弯处导线支持点的位置。

2. 支持点定位

转弯

拉线开关

❶ 塑料护套线配线在终端、转弯中点距离为50~100mm处设置支持点。

❷ 塑料护套线配线在电气器具或接线盒边缘的距离为50~100mm处设置支持点。

直线

交叉

③ 塑料护套线配线在直线
部位导线中间平均分布距
离为150~200mm处设置支
持点。

④ 两根护套线敷设遇有十
字交叉时，交叉口处的四方
50~100mm处都应有固定点。

### 3.3.2　导线固定

1. 预埋木砖

预埋木砖

在配合土建施工过程中，还应根据规划的线路具体走向，将
固定线卡的木砖预埋在准确的位置。预埋木砖时，应找准水平和
垂直线，梯形木砖较大的一面应埋入墙内，较小的一面应与墙面
平齐或略凸出墙面。

## 2. 现埋塑料胀管

现埋胀管

可在建筑装饰工程完成后，按画线定位的方法，确定器具固定点的位置，从而准确定位塑料胀管的位置。按已选定的塑料胀管的外径和长度选择钻头进行钻孔，孔深应大于胀管的长度，埋入胀管后应与建筑装饰面平齐。

## 3. 铝线卡夹持

固定铝线夹

① 用自攻螺钉将铝线卡固定在预埋木砖或现埋胀管上。

安装导线

② 将导线置于线夹钉位的中心，一只手顶住支持点附近的护套线，另一只手将铝线卡头扳回。

铝线夹头穿过尾孔　　　　　　头部扳回

③ 铝线夹头穿过尾部孔洞，顺势将尾部下压紧贴护套线。

④ 将铝线夹头部扳回，紧贴护套线。注意，每夹持4～5个支持点，应进行一次检查。如果发现偏斜，可用小锤轻轻敲击突出的线卡予以矫正。

### 4. 铁片夹持

铁片放大

头部扳回

头部扳回

① 导线安装可参照铝线夹进行，导线放好后，用手先把铁片两头扳回，靠紧护套线。

② 用钳子捏住铁片两端头，向下压紧护套线。

### 5. 导线弯曲的要求

护套线不同平面内弯曲

塑料护套线在建筑物同一平面或不同平面上敷设，需要改变方向时，都要进行转弯处理。弯曲后导线必须保持垂直，且弯曲半径不应小于护套线厚度的3倍。

## 3.4 线管配线

### 3.4.1 钢管的加工

#### 1. 钢管的弯曲

电动弯管

❶ 明配管弯曲半径不应小于管外径的6倍，只有一个弯时，不应小于管外径的4倍。

❷ 弯曲处不应有褶皱、凹穴和裂缝现象，弯扁程度不应大于管外径的10%，弯曲角度一般不小于90°。管子焊缝宜放在管子弯曲方向的正、侧面交角处的45°线上。

#### 2. 管与管的明装连接

（1）管箍连接。

管箍连接

明配管采用等成品丝扣连接，两管拧进管接头长度不可小于管接头长度的1/2（6扣），使两管端之间吻合。

（2）活接连接。

活接连接

在直线段每隔一段使用一个活接，主要用于管路的清扫和方便穿线。

（3）三通连接。

三通连接

三通连接用于分支和器具安装。

（4）断续配管。

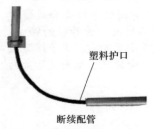

塑料护口

断续配管

管头应加塑料护口。

## 3.4.2 硬质塑料管加工

### 1. 管子的冷煨弯曲

插入弹簧

顶在钢管上弯曲

❶ 弯管时应首先将相应的弯管弹簧插入管内需煨处。

❷ 两手握住管弯曲处弹簧的部位，用力逐渐弯出需要的弯曲半径来。

如果用手无力弯曲时，也可将弯曲部位顶在膝盖或硬物上再用手扳，逐渐进行弯曲，但用力及受力点要均匀。弯管时，一般弯曲角度比所需要弯曲角度要小，待弯管回弹后，便可达到要求，然后抽出管内弯簧。

2．管与管的连接

（1）插入法连接。

插入法

把连接管端部擦净，将阴管端部加热软化，把阳管管端涂上胶合剂，迅速插入阴管，插接长度为管内径的1.1～1.8倍，待两管同心时，冷却后即可。

（2）套接法连接。

套接法

用比连接管管径大一级的塑料管做套管，长度为连接管内径的1.5～3倍，把涂好胶合剂的被连接管从两端插入套管内，连接管对口处应在套管中心，且紧密牢固。

（3）成品管接头连接。

弯头接头

分支接头

在被连接管两端与管接头涂上专用的胶合剂粘接。

### 3. 管子与盒（箱）连接

锁紧螺母

连续配线

❶ 可采用锁紧螺母或护圈帽固定两种方法，连续配线管口使用金属护圈帽（护口）保护导线时，应将套丝后的管端先拧上锁紧螺母，顺直插入与管外径相一致的盒（箱）内，露出2~4扣的管口螺纹，再拧上金属护圈帽（护口）。

断续配线

❷ 断续配线管口可使用金属或塑料护圈帽保护导线，这时锁紧螺母仍留出管口2~4扣。

## 3.4.3 管子明装

### 1. 支架安装

钻孔

❶ 安装时先按配线线路画出支撑点、拐弯、器具盒位置，然后在墙上钻孔。

安装支架

❷ 将支架先安上膨胀螺钉，然后整体安装并牢固。支架一般用角钢或特制型材加工制作。下料时应用钢锯锯割或用无齿锯下料。

安装电线管

❸ 将预制好的电线管用双边管卡固定在支架上。

## 2. 管卡安装

安装塑料胀管

❶ 用冲击电钻钻孔。孔径应与塑料胀管外径相同，孔深度不应小于胀管的长度。当管孔钻好后，放入塑料胀管。

应该注意的是沿建筑物表面敷设的明管一般不采用支架，应用管卡均匀固定。

安装电线管

❷ 管固定时应先将管卡的一端螺钉拧进一半，然后将管敷设于管卡内，再将管卡两端用木螺钉拧紧。

### 钢管中间管卡最大距离

| 敷设方式 | 钢管类型 | 钢管直径 (mm) | | | |
|---|---|---|---|---|---|
| | | 15 ~ 20 | 25 ~ 32 | 40 ~ 50 | 65 ~ 100 |
| | | 最大允许距离（m） | | | |
| 吊架、支架或沿墙敷设 | 厚壁管 | 1.5 | 2.0 | 2.5 | 3.5 |
| | 薄壁管 | 1.0 | 1.5 | 2.0 | |

## 3. 电线管明装的几种做法

拐弯

❶ 明配管在拐弯处应煨成弯曲，或使用弯头。

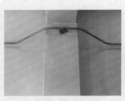

绕过立柱

绕过线管

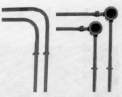

钢管排列敷设拐角

② 明配管在绕过立柱处应煨成弯曲，或使用弯头。

③ 明配管在绕过其他线管处应煨成弯曲，或使用弯头。

④ 当多根明配管排列敷设时，在拐角处应使用中间接线箱进行连接，也可按管径的大小弯成排管敷设。所有管子应排列整齐，转角部分应按同心圆弧的形式进行排列。

### 3.4.4 塑料管暗配线

1. 管子在砖混结构工程墙体内的敷设

（1）塑料管在墙内预埋。

塑料管在墙内预埋

由电工或建筑工人在砌筑的过程中埋入，埋设时所埋管子不能有外露现象，管子离表面的最小净距不应小于15mm。管与盒周围应用砌筑砂浆固定。

（2）墙体内水平敷设。

塑料管在墙内水平敷设

管子暗敷设应尽量敷设在墙体内，并尽量减少楼板层内的配管数量。墙体内水平敷设的管径大于20mm时，应现浇一段砾石混凝土。

### 2. 现浇混凝土梁内管子敷设

梁内垂直敷设的位置

在现浇混凝土梁内设置灯位盒及进行管子顺向敷设时，应在梁底模支好后进行。其灯位盒应设在梁底部中间位置上。

### 3. 现浇混凝土楼板内管子敷设

预埋盒口保护的做法

现浇混凝土内敷设灯位盒时，应将盒内用泥团或浸过水的纸团堵严，盒口应与模板紧密贴合固定，防止混凝土浆渗入管、盒内。

### 4. 器具盒及配电箱的预埋

（1）开关（插座）盒的预埋。

插座盒并列的做法

在同一工程中预埋的开关（插座）盒，相互间高低差不应大于5mm，成排埋设时不应大于2mm，并列安装时高低差不大于0.5mm。并列埋设时应以下沿对齐。

（2）壁灯盒的预埋。

壁灯盒的位置

按外墙顶部向内墙返尺找标高比较方便，一般情况下，住宅楼宜在距墙体顶部下方第六皮砖的上皮放置盒体。

（3）盒上有梁时壁灯盒的预埋。

盒上有梁时壁灯盒的位置

当墙体顶部有圈梁时，梁的高度也可与砖的高度相抵，为了使盒内水平配管不与穿梁方子相遇，盒体可再降低一皮砖距离。

（4）吊扇的预埋。

吊扇预埋件的做法

吊扇的吊钩应用直径不小于10mm的圆钢制作。吊钩应弯成⊤形或⌐形。安装硬质敷设楼板层管子的同时，一并预埋。

（5）大（重）型灯具预埋件设置。

楼板预埋钢管吊钩的做法

❶ 电气照明安装工程除了吊扇需要预埋吊钩外，大（重）型灯具也应预埋吊钩。吊钩直径不应小于6mm。固定灯具的吊钩，除了采用吊扇吊钩预埋方法之外，还可将圆钢的上端弯成弯钩，挂在混凝土内的钢筋上。

楼板内预埋螺栓做法

❷ 固定大（重）型灯具，有的需要预埋吊钩，有的还需要预埋螺栓。

### 3.4.5 管内穿线

1. 穿引线钢丝

穿引钢丝

　　将直径1.2～2.0mm的钢丝由管一端逐渐送入管中，直到另一端露出头时为止。如遇到管接头部位连接不佳或弯头较多及管内存有异物，钢丝滞留在管路中途时，可用手转动钢丝，使引线头部在管内转动，钢丝即可前进。否则要在另一端再穿入一根引线钢丝，估计超过原有钢丝端部时，用手转动钢丝，待原有钢丝有动感时，即表面两根钢丝绞在一起，再向外拉钢丝，将原有钢丝带出。

2. 引线钢丝与导线结扎

封闭圆圈

管内穿线的方法

❶ 当导线数量为2～3根时，将导线端头插入引线钢丝端部圈内折回。

❷ 如导线数量较多或截面较大，为了防止导线端头在管内被卡住，要把导线端部剥出一段线芯，并斜错排好，与引线钢丝一端缠绕。

## 3.5 其他敷设方法

### 3.5.1 塑料线槽明敷设

#### 1. 塑料线槽无附件安装方法

切割 修整 固定塑料线槽

❶ 将线槽用钢锯锯成需要的形状。 ❷ 如果有毛刺，可用壁纸刀修整。 ❸ 用半圆头木螺钉固定在墙壁塑料胀管上。

#### 2. 无附件安装常用做法

 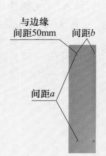

| 槽宽度<br>（mm） | a<br>（mm） | b<br>（mm） |
|---|---|---|
| 25 | 500 | — |
| 40 | 800 | — |
| 60 | 1000 | 30 |
| 80<br>100<br>120 | 800 | 50 |

（a）60mm以下槽板 （b）60mm以上槽板 （c）有关数据

直线敷设

❶ 直线敷设线槽端部应增设固定点。

与边缘距离50mm 与边缘间距50mm 间距b 间距a

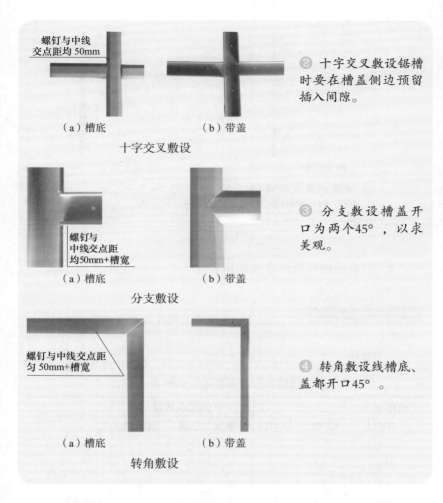

螺钉与中线
交点距均 50mm

（a）槽底　　　　　（b）带盖

十字交叉敷设

❷　十字交叉敷设锯槽时要在槽盖侧边预留插入间隙。

螺钉与
中线交点距
均50mm+槽宽

（a）槽底　　　　　（b）带盖

分支敷设

❸　分支敷设槽盖开口为两个45°，以求美观。

螺钉与中线交点距
匀 50mm+槽宽

（a）槽底　　　　　（b）带盖

转角敷设

❹　转角敷设线槽底、盖都开口45°。

### 3. 塑料线槽有附件安装方法

槽底安装

❶　槽底的安装方法与无附件安装相同。

槽盖安装

❷ 安装时直线接口尽量位于转角中心，贴紧。

安装附件

❸ 扣上平三通。

### 4. 塑料线槽有附件安装常用做法

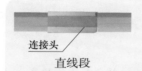

连接头

直线段

❶ 直线段采用连接头连接。

线槽有附件安装固定点数量

| 线槽宽 $W$（mm） | $a$（mm） | $b$（mm） | 固定点数量 | | | 固定点位置 |
|---|---|---|---|---|---|---|
| | | | 十字接 | 三通 | 直转角 | |
| 25 | – | – | 1 | 1 | 1 | 在中心点 |
| 40 | 20 | – | 4 | 3 | 2 | 在中心线 |
| 60 | 30 | – | 4 | 3 | 2 | |
| 100 | 40 | 50 | 9 | 7 | 5 | 1 处在中心点 |

大小接

变宽

❷ 变宽采用大小接连接。

阳角　阴角

不同平面转角

❸ 不同平面连接采用阳角和阴角。

插口

与接线盒（箱）连接

❹ 与接线盒（箱）连接采用插口。

### 3.5.2 钢索线路的安装

#### 1. 钢索的制作

固定

安装卡扣

❶ 将钢索预留100～200mm长度穿过挂环等物件，折回后用绑线缠绕几回。

❷ 在靠近绑线处安装一个卡扣，在钢索线头处再安装一个卡扣。

#### 2. 线路的安装方法

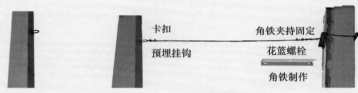

卡扣

预埋挂钩

角铁夹持固定

花篮螺栓

角铁制作

物件埋设　　　　　　　　　　钢索线路的安装

❶ 根据设计图纸，在墙、柱或梁等处，埋设支架、抱箍、紧固件以及拉环等物件。

❷ 根据设计图纸的要求，将一定型号、规格与长度的钢索组装好，架设到固定点处，并用花篮螺栓将钢索拉紧。

#### 3. 钢索吊装塑料护套线线路的安装

线盒固定卡

钢索吊装护套线敷设

钢索吊装塑料护套线可以采用绑线将塑料护套线固定在钢索上，照明灯具可以使用吊杆吊灯，灯具可用螺栓与接线盒固定。

钢管上的吊卡距接线盒间的最大距离不应大于200mm，吊卡之间的间距不应大于1500mm。

### 4. 钢索吊装线管线路的安装

钢索吊装线管敷设

吊装钢管布线完成后，应做整体的接地保护，管接头两端和铸铁接线盒两端的钢管应用适当的圆钢做焊接地线，并应与接线盒焊接。钢索吊装线管配线。

# 3.6　导线的连接与绝缘恢复

## 3.6.1　绝缘层的去除

### 1. 塑料导线绝缘层的去除

90° 切入　　　　　　45° 推削　　　　　　切除绝缘层

❶ 将电工刀以近于 90° 角切入绝缘层。

❷ 将电工刀以45° 角沿绝缘层向外推削至绝缘层端部。

❸ 将剩余绝缘层翻过来切除。

### 2. 护套线绝缘层去除

破开外绝缘层　　　　　切除外绝缘层

❶ 将电工刀自两芯线之间切入，破开外绝缘层。

❷ 将外绝缘层翻过来切除。

### 3.6.2 单股导线的连接

  1. 直接连接

（1）绞接法。

| 单股铜芯导线 | 互绞两圈 | 各缠5圈 |
|---|---|---|
| ❶ 将两线相互交叉成X状。 | ❷ 用双手同时把两芯线互绞两圈后，再扳直与连接线成90°。 | ❸ 将每个线芯在另一线芯上缠绕5回，剪断余头。<br>　　绞接法适用于截面4.0mm²及以下单芯线连接。 |

（2）缠卷法。

  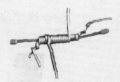

| 并和 | 单卷5回 | 与辅助互绞2回 |
|---|---|---|
| ❶ 将两线相互并和，加辅助线后，用绑线在并和部位中间向两端缠卷（公卷），长度为导线直径的10倍。 | ❷ 将两线芯端头折回，在此向外自身单卷5回。 | ❸ 与辅助捻卷2回，余线剪掉。<br>　　缠卷法适用于截面6.0mm²及以上的单芯直接连接。 |

## 2. 分支接法

### （1）T字绞接法。

交叉

缠绕5回

❶ 用分支导线的线芯往干线上交叉。

❷ 先粗卷1~2圈（或打结以防松脱），然后密绕5圈，余线剪掉。

　　T字绞接法适用于截面4.0mm$^2$以下的单芯线。

### （2）T字缠绕法。

辅助一侧线缠5圈

辅助线另一侧缠5圈

单卷5圈

❶ 将分支导线折成90°紧靠干线，先用辅助线在干线上缠5圈。

❷ 在另一侧缠绕，公卷长度为导线直径的10倍。

❸ 单卷5圈后余线剪掉。

　　T字缠绕法适用于截面6.0mm$^2$及以上的单芯连接。

（3）十字分支连接。

一根缠绕5回　　　　　　　　　另一根缠绕5回

❶ 参照T字绞接法。拿一根
导线在干线上缠绕5回，剪
掉余端。

❷ 拿另一根导线在干线另一
侧缠绕5回，剪掉余端。

### 3.6.3　多股导线的连接

1. 7股芯线的直接法

（1）复卷法。

分散对插　　　　　　　　　　第一组缠绕

❶ 将剥去绝缘层的芯线逐
根拉直，绞紧占全长1/3的根
部，把余下2/3的芯线分散成
伞状。把两个伞状芯线隔根
对插，并捏平两端芯线。

❷ 把一端的7股芯线按2、
2、3根分成三组，接着把第
一组2根芯线扳起，按顺时
针方向缠绕2圈后扳直余线。

缠绕一端　　　　　　　　　　缠绕另一端

❸ 把第二组的2根芯线按顺时
针方向紧压住前2根扳直的余
线缠绕2圈，并将余下的芯线
向右扳直。再把下面的第三组
的3根芯线按顺时针方向紧压
前4根扳直的芯线向右缠绕。
缠绕3圈后，剪去每组多余的
芯线，钳平线端。

❹ 用同样方法再缠绕另一
边芯线。

（2）单卷法。

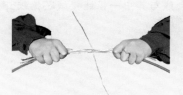 

捏平交叉　　　　　　　　　一根缠绕

❶ 先捏平两端芯线，取任意两相临线芯，在接合处中央交叉。

❷ 用一线端的一根线芯做绑扎线，在另一侧导线上缠绕5~6圈。

缠绕一端　　　　　　　　　缠绕另一端

❸ 用另一根线芯与绑扎线相绞后把原绑扎线压在下面继续按上述方法缠绕，缠绕长度为导线直径的10倍。最后缠绕的线端与一余线捻绞2圈后剪断。

❹ 另一侧导线依同样方法进行，应把线芯相绞处排列在一条直线上。

（3）缠卷法。

缠绕

❶ 先捏平两端芯线，用绑线在导线连接中部开始向两端分别缠卷，长度为导线直径的10倍。

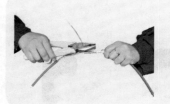

② 余线与其中一根连接线芯捻绞2圈，余线剪掉。

## 2. 7股铜芯线T字分支接法

### （1）复卷法。

分组

❶ 把支路芯线松开钳直，将近绝缘层1/8处线段绞紧，把7/8线段的芯线分成4根和3根两组，然后用螺钉旋具将干线也分成4根和3根两组。

插入

❷ 将支线中一组芯线插入干线两组芯线间。

一侧缠绕

❸ 把右边3根芯线的一组往干线一边顺时针紧紧缠绕3～4圈。

另一侧缠绕

❹ 把左边4根芯线的一组按逆时针方向缠绕4～5圈，钳平线端并切去余线。

（2）单卷法。

靠紧干线　　　　　　　　　缠绕

① 将分支线折成90° 靠紧干线，在绑线端部相应弯成半圆形，使绑线短端与半圆形成90° ，与连接线靠紧。

② 用长端缠卷，长度达到导线接合处直径5倍时，将绑线两端部捻绞2圈，剪掉余线。

（3）缠卷法。

靠紧干线　　　　　　　　　　缠绕

① 将分支线破开根部，折成90° 紧靠干线。

② 用分支线其中一根线芯在干线上缠卷，缠卷3～5圈后剪掉，再用另一根线芯继续缠卷3～5圈后剪掉，依此方法直至连接到双根导线直径的5倍时为止。应使剪断处位于一条直线上。

### 3.6.4　导线在器具盒的连接

1. 两根导线连接

捻绞2圈以上　　　　　　　　折回剪掉

① 将连接线端并合，在距绝缘层15mm处将线芯捻绞2圈以上。

② 留余线适当长度，剪掉折回压紧，防止线端扎破所绑扎的绝缘层。

## 2. 三根及以上导线连接

并和

① 将连接线端相并合，在
距离绝缘层15mm处，用其
中一根线芯在其连接线端缠
绕5圈剪掉。

并和

② 把余线折回压在缠绕线上。

## 3. 不同直径导线连接

缠绕

① 如果细导线为软线，则
应先进行挂锡处理。先将
细线压在粗线距离绝缘层
15mm处交叉，并将线端部
向粗线端缠卷5圈。

② 将粗线端头折回剪掉，压
在细线上。

## 4. 绞线并接

并和

① 将绞线破开、顺直并合拢。

缠绕

② 用多芯分支连接缠卷法弯制
绑线，在合拢线上缠卷。其长
度为双根导线直径的5倍。

### 3.6.5 导线与器具的连接

弯制成形

❶ 把芯线先按电器进线位置弯制成形。

插入拧紧

❷ 将线头插入针孔并旋紧螺钉。如单股芯线较细，可将芯线线头折成双根，插入针孔再旋紧螺钉。

### 3.6.6 导线绝缘的恢复

1. 直线连接包扎

包扎位置选择

❶ 绝缘带应先从完好的绝缘层上包起，先从一端1～2个绝缘带的带幅宽度开始包扎。

回缠

❷ 在包扎过程中应尽可能的收紧绝缘带，包到另一端在绝缘层上缠包1～2圈，再进行回缠。

包扎两层　　　　　　　　　　　包扎要紧密

❸ 应半叠半包缠不少于2层。

❹ 要衔接好，应用黑胶布的黏性使之紧密地封住两端口，并防止连接处线芯氧化。

## 2. 并接头包扎

拉长2倍　　　　　　　端部多包1~2圈　　　　　　包成枣核状

❶ 将高压绝缘胶布拉长2倍，并注意其应清洁，否则无黏性。

❷ 包缠到端部时应再多缠1~2圈，然后由此处折回反缠压在里面，应紧密封住端部。

❸ 连接线中部应多包扎1~2层，使之包扎完的形状呈枣核型。还要注意绝缘带的起始端不能露在外部，终了端应再反向包扎2~3回，防止松散。

### 3.6.7  家装改造实例

#### 1. 线路设计

原线路图

原线路按使用环境设计，由总电源箱引至分配箱，再分别引至各用电器，采用明配线。

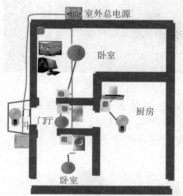

设计线路图

新线路仍按使用环境设计,取消分配箱由总电源箱引至各用电器,室内采用暗配线，门斗灯由室外明配线。

## 2. 布线做法

穿保护管

❶ 利用原过墙眼穿入塑料保护管。

穿线

❷ 干线整根穿过保护管，不要有接头。

分支与干线连接

❸ 分支与干线连接按规定缠绕5回。插座和灯具采用一根相线时，中性线应接两根。

绝缘恢复

❹ 注意分支线部位绝缘搭接，包缠紧密。

镂槽

❺ 利用原器具盒位置在墙上镂槽，由于墙皮较薄，考虑用塑料线槽代替保护管并固定。

导线预留

❻ 吊顶配线时应注意电线与龙骨保持一定距离，并在器具盒位置钻孔、穿线。

导线平直

❼ 导线弯曲时应一手拉住线头，另一手在弯曲部位按捺，边按边移动。

### 3. 一插座一开关的背部接法

一进二出

二进二出

① 采用一根相线时,相线接在插座内侧L端子，并与开关内侧接线桩连接。

② 采用两根相线时，相线分别接在内侧对应L接线桩。

### 4. 单联开关背部接线

单联开关背部接线

相线接L端子，中性线接N端子。

### 5. 三联开关背部接线

三联开关背部接线

相线接L端子，三个进线用导线短接起来，三个出线接N端子。

6. 五孔插座背部接线

五孔插座背部接线

相线接L端子，中性线接N端子，保护线接E端子。

7. 一开关五孔插座背部接线

一开关五孔插座背部接线

相线接三孔插座L端子，并与开关L端子短接，中性线接三孔插座N端子，保护线接三孔E端子。

8. 荧光灯的吊顶安装

穿线

❶ 将导线从灯箱孔洞穿入灯箱，最好加保护管。

固定

❷ 将灯箱用木螺钉直接固定在龙骨上。

接线

❸ 注意开关控制相线。

## 9. 门斗灯安装

木台固定

① 拉线开关位置选在门斗下面的墙上，木台抠槽穿线，用钢钉直接固定在墙上。

底座固定

② 接线后将底座直接固定在木台上。

接线

③ 出线孔选择在龙骨旁边，接线时注意中性线接螺口。

摆正

④ 将导线向回送一些，摆正灯座。

灯座固定

⑤ 用木螺钉将底座固定在龙骨上。

## 3.7 电气照明的维修

### 3.7.1 常用照明控制线路

#### 1. 一只单联开关控制一盏灯线路

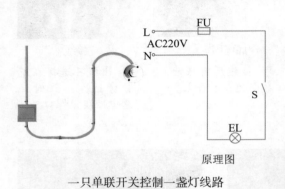

原理图

一只单联开关控制一盏灯线路

一只开关控制一盏灯线路是最简单的照明布置。电源进线、开关进线、灯头接线均为2根导线（按规定2根导线可不画出其根数）。

#### 2. 一只单联开关控制一盏灯并另接一插座线路

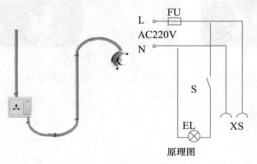

原理图

一只单联开关控制一盏灯并另接一插座线路

在开关旁边并接一个插座，是一只单联开关控制一盏灯的扩展。

### 3. 一只单联开关控制两盏灯线路

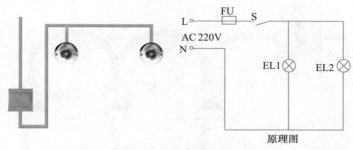

原理图

一只单联开关控制两盏灯线路

两盏灯共用一个开关，同开同灭。

## 3.7.2 照明线路短路故障判断

### 1. 干线检查

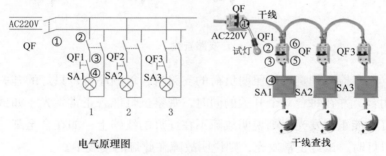

电气原理图　　　　　干线查找

用试灯检查照明干线

　　将被测线路上的所有支路上的开关均置于断开位置，把线路的总开关拉开，将试灯串接在被测线路中，然后闭合总开关。如此时试灯能正常发光，则说明该线路确有短路故障且短路故障在线路干线上，而不在支线上；如试灯不亮，说明该线路干线上没有短路故障，而故障点可能在支线上，下一步应对各支路按同样的方法进行检查。

## 2. 支线检查

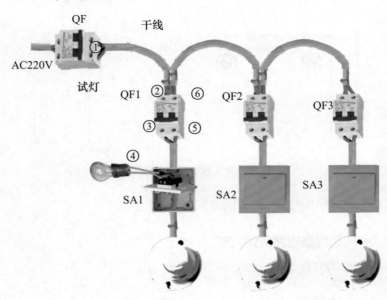

支路查找

　　在检查到直接接照明负荷的支路时，可顺序将每只灯的开关闭合，并在每合一个开关的同时，观察试灯能否正常发光。如试灯不能正常发光，则说明故障不在此灯的线路上；如在合至某一只灯时，试灯正常发光，则说明故障在此灯的接线中。

### 3.7.3　照明线路断路故障

1. 试电笔法

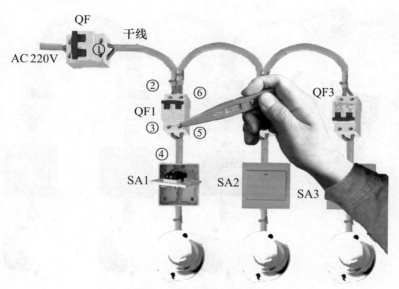

用试电笔查照明线路断路故障

　　可用试电笔、万用表、试灯等进行测试，采用分段查找与重点部位检查相结合的方式进行，对较长线路可采用对分法查找断路点。

　　以左边支路为例（下同），合上各开关，用试电笔依次测试①、②、③、④、⑤各点，若某一点试电笔不亮，则该点为断路处。应当注意的是，测量要从相线侧开始，依次测量，且要注意观察试电笔的亮度，防止因外部电场、泄漏电流引起氖管发亮，而误认为电路没有断路。

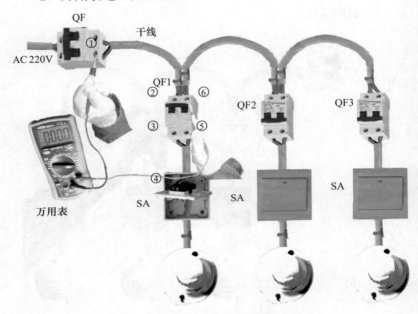

## 2．万用表电压分阶测量法

电压分阶法查照明线路断路故障

　　合上各开关，先可测量①、⑥点间的电压，若为220V，则说明电压正常。然后将一表棒接到⑥上，另一表棒按②、③、④、⑤点依次测量，分别测量⑥-②、⑥-③、⑥-④、⑥-⑤各阶之间的电压，各阶的电压都为220V，则说明电路工作正常；若测到⑥-④电压为220V，而测到⑥-⑤无电压，则说明断路器附近断路。

### 3. 万用表电压分段测量法

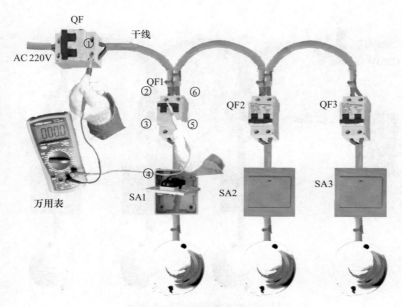

电压分段法查照明线路断路故障

　　合上各开关，先测试①-⑥两点间电压，若为220V，则说明电源电压正常；然后逐段测量相邻点①-②、②-③、③-④、④-⑤、⑤-⑥间的电压。若测量到某两点间的电压为0V，则说明这两点间有断路现象。

### 4. 万用表电阻分阶测量法

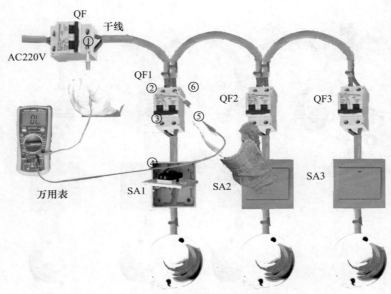

电阻分阶法查照明线路断路故障

　　首先断开电源QF，然后按下QF1、SA1，测量①-⑥两点间的电阻，若电阻为无穷大，则说明①-⑥之间电路断路。然后分别测量①-②、①-③、①-④、①-⑤各点之间的电阻值，若某点电阻值为0（注意灯泡的电阻不为0），则说明电路正常；若测量到某点之间的电阻值为无穷大，则说明该点或连接导线有断路故障。

### 5. 万用表电阻分段测量法

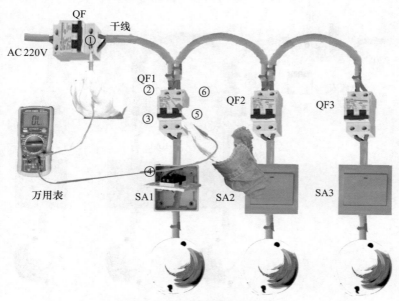

电阻分段法查照明线路漏电故障

检查时，先按下QF1、SA1，然后依次逐段测量相邻点①-②、②-③、③-④、④-⑤、⑤-⑥间的电阻值，若测量某两点间的电阻值为无穷大，则说明该触点或连接导线有断路故障。

电阻测量法虽然安全，但测得的电阻值不准确时，容易造成错误判断。

注意以下事项：

（1）用电阻测量法检查故障时，必须先断开电源。

（2）若被测电路与其他电路并联时，必须将该电路与其他电路断开，否则所测得的电阻值误差较大。

画说家装水电工技能

### 3.7.4 照明线路漏电

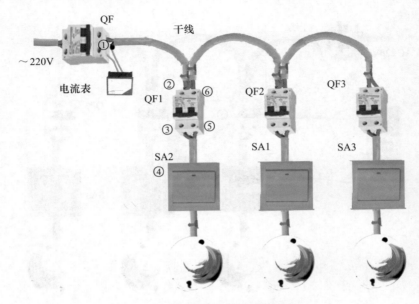

电流表法查照明线路漏电故障

（1）在被测线路的总开关上接上一只电流表，断开负荷后接通电源，如电流表的指针摆动，则说明有漏电。

（2）切断中性线，如电流表指示不变或绝缘电阻不变，则说明相线与大地之间漏电；如电流表指示回零或绝缘电阻恢复正常，则说明相线与中性线之间漏电；如电流表指示变小但不为零，或绝缘电阻有所升高但仍不符合要求，则说明相线与中性线、相线与大地之间均漏电。

（3）取下分路熔断器或拉开分路开关，如电流表指示或绝缘电阻不变，则说明总线路漏电；如电流表指示回零或绝缘电阻恢复正常，则说明分路漏电；如电流表指示变小，但不为零，或绝缘电阻有所升高，但仍不符合要求，则说明总线路与分线路都漏电，这样可以确定漏电的范围。

（4）按上述方法确定漏电的分路或线段后，再依次断开该段线路灯具的开关，当断开某一开关时，电流表指示回零或绝缘电阻正常，则说明这一分支线漏电；如电流表指示变小或绝缘电阻有所升高，则说明除这一支路漏电外，还有其他漏电处；如所有的灯具开关都断开后，电流表指示不变或绝缘电阻不变，则说明该段干线漏电。

### 3.7.5 照明线路绝缘接地

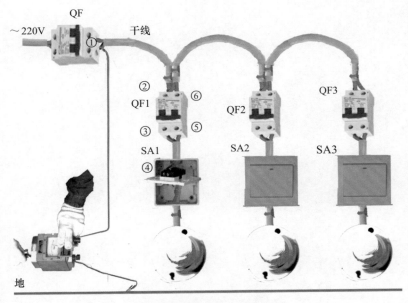

兆欧表法查照明线路接地故障

（1）在总断路器后接一个兆欧表，切断中性线，拉开分路断路器，用兆欧表测量绝缘电阻值的大小，如果绝缘电阻为零，则说明接地点在干线上。

（2）如果绝缘电阻不为零，分别合上分路断路器，如果合上某个断路器后，绝缘电阻变为零，则说明接地点在该分路上。

（3）按上述方法确定接地的分路后，再依次测量该段线路各段导线，如果某段绝缘电阻为零，则说明该段接地，可进一步检查该段线路的接头、接线盒、电线过墙处等是否有绝缘损坏情况，并进行处理。

# 第 4 章

## 照明与家用电器的安装

# 4.1　照明的安装

## 4.1.1　开关插座的安装

### 1. 拉线开关的安装

（1）明装。

木台穿线

固定木台

底座穿线

❶ 根据确定的位置，在墙上安装两个塑料胀管，然后将导线从木（塑）台线孔穿出。

❷ 将木（塑）台固定在塑料胀管上。多个拉线开关并装时，应使用长方形木台，拉线开关相邻间距不应小于20mm。

❸ 拧下拉线开关盖，把两个线头分别穿入开关底座的两个穿线孔内。

底座固定

❹ 用两枚直径不大于20mm的木螺钉将开关底座固定在木（塑）台上。注意拉线口应垂直朝下，避免使拉线口发生摩擦，防止拉线磨损断裂。

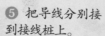

导线安装

❺ 把导线分别接到接线桩上。

开关盖安装

❻ 拧上开关盖。

　　安装在室外或室内潮湿场所的拉线开关，应使用瓷质防水拉线开关。

（2）暗装。

剪断导线

❶ 暗装拉线开关，先将八角盒内的导线留够余量后剪断。

固定木台

❷ 将导线穿过木（塑）台后直接固定在八角盒上，后面的步骤与明装相同。

## 2. 翘板开关安装

（1）跷板开关明装。

穿线

❶ 根据要求在安装位置安装木榫或膨胀管，然后将导线穿过明装八角盒线孔。

固定八角盒

❷ 用自攻螺钉将八角盒固定在木榫或膨胀管上，不能倾斜。

接线

❸ 采用不断线连接时，开关接线后两开关之间的导线长度不应小于150mm，且在线芯与接线桩上连接处不应损伤线芯。

底板固定

安装面板

钢管配线翘板开关明装

④ 用螺钉旋具将底板固定在八角盒螺孔上。

⑤ 翘板开关无论是明装，还是暗装，均不允许横装，即不允许使手柄处于左右活动位置，因为这样安装容易因衣物勾拉而发生开关误动作。

⑥ 钢管明配线翘板开关安装方法与此相同。

（2）翘板开关暗装。

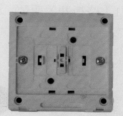

接线

固定

❶ 暗装翘板开关，穿线后可以将导线连接在接线桩上。

❷ 将底板直接固定在八角盒上。

### 3. 气密式组合开关的安装

安装膨胀螺栓

❶ 根据安装位置和开关底孔距离，在墙上钻孔安装膨胀螺栓。导线沿墙明装时采用此法。

穿线

❷ 将导线绝缘剥除后穿入线孔，注意橡胶垫一定放平，不能丢弃。

固定

❸ 将外壳固定在膨胀螺栓上，一般两点即可。

制作羊角弯

❹ 将导线按需要长度剪断后弯制成羊角弯，中性线直接连接在一起。

接线

❺ 将导线连接在接线桩上，为了确定触头组可以用万用表辅助。

安装手柄

❻ 扣上面罩后，将手柄用螺钉拧紧。

支架安装

❼ 导线支架安装时，开关可以安装在支架上。

4. 插座安装

（1）插座暗装。

导线安装

❶ 将导线安装在接线桩上，注意面对插座，单相双孔插座应水平排列，右孔接相线，左孔接中性线；单相三孔插座，上孔接保护地线（PEN），右孔接相线，左孔接中性线；三相四孔插座，保护接地（PEN）应在正上方，下孔从左侧分别接在L1、L2、L3相线。同样用途的三相插座，相序应排列一致。

底板安装

面板安装

❸ 将面板扣在底座上。

开关周围抹灰处应尺寸正确、阳角方正、边缘整齐、光滑。墙面裱糊工程在开关盒处应接合紧密、无缝隙。

❷ 将底板固定在八角盒上

正确　　　不正确

开关镶贴方法

❹ 饰面板（砖）镶贴时，开关盒处应用整砖套割吻合，不准用非整砖拼凑镶贴。

（2）插座明装。

自制木台安装

❶ 将一块厚度合适的木板安装在预定位置，以固定底板。

接线

❷ 右孔接相线，左孔接地线。

底板安装

❸ 底板的安装不应倾斜，固定牢固。

面板安装

❹ 安装面板，可使用一字螺钉旋具辅助安装。

钢管配线插座明装

❺ 钢管配线插座明装与此相同。

## 5. 临时插座的安装

拆除

① 拆除背部螺钉，取下前盖。

剥除绝缘

② 用剥线钳剥除导线绝缘，注意长度适合。

芯线处理

③ 将芯线顺时针扭一下，去除头部毛刺。

接线

④ 用万用表辅助确定导线两端，由穿线孔穿入并插入接线孔，拧紧。

保护线安装

⑤ 三孔中的保护线要用导线逐一连接。

组装

⑥ 安上压线帽，回装后盖。

#### 4.1.2　灯具的安装

1. 软线吊灯安装

（1）暗装。

结扣

❶ 截取所需长度（一般为2m）的软线，两端剥出线芯拧紧（或制成羊眼圈状）挂锡。将软线分别穿过灯座和吊线盒盖的孔洞，然后打好保险扣。

灯座接线

❷ 将软线的一端与灯座的两个接线桩分别连接。

底座盖安装

❸ 拧好灯座螺口及中心触点的固定螺钉，防止松动，最后将灯座盖拧好。

固定吊线盒底座

❹ 将导线由木台穿线孔穿入吊线盒内，与吊线盒的临近隔脊的两个接线桩分别连接。将吊线盒底与木（塑料）台固定牢。

吊线盒导线连接

❺ 注意把中性线接在与灯座螺口触点相连接的接线桩上。

拧上盒盖

❻ 导线接好后拧上吊线盒盖。

（2）明装。

木榫

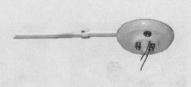

安装木榫

❶ 根据安装位置将导线敷设完成后，打孔并装入木榫。

穿线

❷ 导线穿过孔洞后，固定在木榫上，其他步骤与暗装相同。

## 2. 吊杆灯明装

穿线

❶ 根据安装位置安装膨胀管，将导线一端穿入吊上法兰，另一端由下法兰管口穿出。

固定吊杆

❷ 将上法兰用自攻螺钉固定在膨胀管上。

接线

❸ 注意把中性线安装在与灯座螺口触点相连接的线桩上。

固定灯座

安装护罩

❹ 用螺栓将灯座固定在下法兰上。

❺ 将护罩穿过灯座，然后把螺帽拧在法兰螺纹上。

暗装时应将灯具组装，一起固定在八角盒上。

## 3. 简易吊链式荧光灯安装

安装吊线盒底座

❶ 把两个吊线盒分别与膨胀管或木台固定。

吊链组装

❷ 将U形铁丝穿过吊环，并与吊链安装为一体。

安装吊链

❸ 将吊线盒盖连同吊链一起安装在底座上。

安装灯箱

❹ 同样用U形铁丝将灯箱安装在吊链上。

连接导线

❺ 将导线按软线吊灯方法与八角盒内导线连接，下端与灯箱内导线连接。

安装反光板

❻ 把灯具的反光板固定在灯箱上，最后把荧光管装好。

## 4. 防水吸顶灯安装

穿线

① 根据安装位置，先安装木台或膨胀管，然后将导线由木台的出线孔穿出。

安装底座

② 根据结构的不同，采用不同的方法安装，将灯具底板与木台进行固定。

连接导线

③ 底座固定好后，将导线与灯座连接好。

安装灯座

④ 将灯座安装在底座上。

安装灯罩

⑤ 放好橡胶垫圈后，将灯罩固定在底座上。

## 5. 壁灯安装
（1）壁灯明装。

安装膨胀夹

① 按照安装位置和挂孔的要求，在墙上安装膨胀夹。

接线

② 将电源线与灯座导线一一相连。

固定灯具

③ 将灯具挂在膨胀夹上。

④ 安装灯泡，并安装灯罩。

灯罩安装

（2）壁灯暗装。

灯具组装

❶ 将底座和支架组装在一起。

固定板安装

❷ 将固定板安装在八角盒上。

底座螺栓安装

❸ 将固定螺栓穿过固定板孔。

连接导线

❹ 将灯位盒内的导线与电源线相连接，接头处理好后塞入灯位盒内。

灯具安装

❺ 将灯具底座用螺栓固定在八角盒内固定板上。

（3）荧光灯壁装。

钢管配线荧光灯壁装

钢管明配线荧光灯壁装：先在墙壁打孔安装膨胀夹，然后安装灯箱、接线。

### 6. 荧光吸顶灯安装

（1）暗装。

**安装木榫**

❶ 根据已敷设好的灯位盒位置和灯箱底板上安装孔位置用电钻在顶棚打孔，安装木榫或胀管，如果已有预埋件时，可利用预埋件固定灯箱。

**穿引导线**

❷ 将导线从进线孔拉出，如果可能应套上软塑料保护管保护导线，将电源线引入灯箱内。

**灯箱固定**

❸ 固定好灯箱，使其紧贴在建筑物表面上，并将灯箱调整顺直。

**导线连接**

❹ 灯箱固定后，将电源线压入灯箱的端子板（或瓷接头）上，无端子板（或瓷接头）的灯箱，应把导线连接好。

**安装反光板**

❺ 把灯具的反光板固定在灯箱上，最后把荧光管装好。

（2）明装。

**塑料胀夹**

| 安装胀夹 | 固定灯箱 | 将电源线压入端子板 |
|---|---|---|
| ❶ 确定好荧光灯的安装位置，按灯箱底板上的安装孔，用电钻在顶棚打好孔洞，安装塑料胀夹。 | ❷ 固定好灯箱，使其紧贴在建筑物表面上，并将灯箱调整顺直。 | ❸ 灯箱固定后，将电源线压入灯箱的端子板（或瓷接头）上；无端子板（或瓷接头）的灯箱，应把导线连接好。 |

❹ 把灯具的反光板固定在灯箱上，最后把荧光管装好。

安装灯管

## 7. 嵌入式LED灯具安装

| 开孔 | 接线 |
|---|---|
| ❶ 用曲线锯挖孔，做成圆开口或方开口。 | ❷ 连接电源线与启动器。 |

连接灯头

安装灯头

❸ 连接启动器与灯头。

❹ 扳起卡件将灯头送入安装孔中。

### 4.1.3 景观照明的安装

1. 射灯的安装

（1）射灯草坪支架安装。

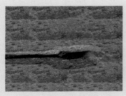

沟和坑的挖掘

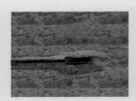

电缆敷设

支架安装

❶ 电缆沟按低压电缆沟标准进行，支架坑挖成方形。

❷ 电缆的敷设按低压电缆标准进行。出地面用保护管。

❸ 支架的横杆要略高出地平面，回填土要略高出地面以防塌陷。

安装灯具

④ 将灯具固定在支架上，并连接导线。

（2）射灯的其他安装。

墙上直接安装

❶ 射灯墙上安装可用膨胀螺栓固定，导线安装可用电缆墙壁明装方法。

水泥柱上直接安装

❷ 水泥柱上安装用抱箍固定，导线穿入柱上孔洞引下。

铁柱上直接安装

❸ 铁柱上安装要焊接固定板，射灯固定在固定板上，导线可以穿管引下，也可架空。

广告牌支架安装

❹ 支架可以安装在预埋件上，也可以使用膨胀螺栓固定。

门斗直接安装

❺ 用膨胀螺栓直接固定在门斗上。

2. 庭院灯的安装

（1）在马路安装。

挖沟和基础坑

❶ 按照低压电缆敷设规程挖沟，按照确定好的位置，挖坑将底座安置好。

敷设和接线

❷ 敷设电缆，并接好线。

放置水泥基础

❸ 按照厂家说明书尺寸制作基础底座，预埋电线管、螺栓，螺栓不小于 M20×400mm。

安装灯具

❹ 整个灯具立好后，拧紧基础螺栓，安装好灯具。

（2）在草坪安装。

水泥底座

在草坪安装

庭院灯在草坪上的安装方法与在马路安装完全相同。

（3）柱上安装。

柱上安装庭院灯

❶ 采用电线管暗配线，预埋吊钩或膨胀螺栓固定。

❷ 球灯柱上安装采用电线管暗配线或电缆明装，膨胀螺栓固定灯底座。

小型彩灯

（2）大型彩灯安装。

**3. 悬挂式彩灯安装**

（1）小型彩灯安装。

小型悬挂式彩灯支架可用钢管制作并用膨胀螺栓固定，导线按钢索线路方法制作，并将灯具固定在钢索上。

吊钩的预埋

❶ 建筑物门斗下预埋吊钩，吊钩采用φ16mm以上的钢筋制作。

支撑物的做法

❷ 支撑物的载荷钢筋也可以采用钢丝绳。

预埋吊钩

悬挂式彩灯安装方法

采用防水吊线灯头连同线路一起悬挂于支撑物上，导线截面不应小于4mm$^2$。灯头线与干线的连接应牢固，绝缘包扎紧密。灯间距一般为700mm，距地面3m以下的位置上不允许装设灯头。

## 4.2 家电设备的安装

### 4.2.1 吊扇的安装

#### 1. 吊钩安装

预埋吊钩

膨胀钩

❶ 吊钩伸出建筑物的长度应以盖上吊扇吊杆护罩后，能将整个吊钩全部遮住为宜。

❷ 吊钩也可在土建施完工后，打孔安装膨胀钩。

#### 2. 安装步骤

组装

挂入吊钩

接线并扣好保护罩

❶ 在下面先将风叶组装好，固定挂环。

❷ 将吊扇托起，并用预埋的吊钩将吊扇的耳环挂牢，扇叶距地面的高度不应低于2.5m。

❸ 按接线图接好电源接线头，并包扎紧密，向上托起吊杆上的护罩，将接线扣于其内。护罩应紧贴建筑物或木（塑）台，拧紧固定螺钉。

### 4.2.2 浴霸的安装

#### 1. 浴霸安装位置的确定

浴霸安装位置的确定

❶ 吊顶安装时，盥洗室做木质轻龙骨吊顶，与屋顶的高度应略大于浴霸高度，且安装完毕，灯泡距离地面2.1~2.3m。

❷ 站立淋浴时，先确定人在卫生间站立淋浴的位置，面向淋浴的喷头，人体背部的后上方就是浴霸的安装位置。

#### 2. 吊顶安装浴霸方法

安装电线与排气管

❶ 在安装木质轻龙骨时，在浴霸的安装位置安置木挡，然后将浴霸通风管与通风窗连接。浴霸电源线经过暗装难燃管穿入接线盒内。

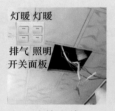

连接电线

❷ 注意开关的正确接线与浴霸的连接。

连接排气管

❸ 将排气管与浴霸连接好，并将浴霸推入预留孔内。

固定底板

❹ 用自攻螺钉将浴霸固定在PVC板上。

安装面板

❺ 将面板插入螺栓，并拧装饰螺母。

安装灯泡与护罩

❻ 拧上灯泡，安装护罩。

### 4.2.3 排气扇的安装

1. 确定安装位置

确定位置

在排气孔上安装排气扇，先将原木框上的铁丝网拆除。

2. 外套固定

外套固定

在胶合板上开一圆孔，将排气扇外套固定在圆孔上，将胶合板锯成与排气孔尺寸相同的形状。

3. 木板固定

木板固定

将胶合板用木螺钉固定在木框上。

4. 安装主体

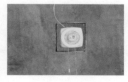

主体安装

将排气扇插入外套，插座的安装应距离排气扇外框150mm左右。

### 4.2.4 卫星电视的安装

#### 1. 高频插头与电缆的装配

切除护套

❶ 接头长度量好后,切除多余的护套。

剥开屏蔽层

❷ 剥开屏蔽层。

切除绝缘层

❸ 切除绝缘层。

插入接头

❹ 将插头元件插入电缆屏蔽层内。

❺ 拧紧螺母后剪断多余屏蔽层。

切除铜芯

❻ 将铜芯预留2～3mm后剪掉。

#### 2. 天线的安装

安装膨胀螺栓

❶ 选择一个有支撑物并且无遮挡的地方安装卫视接收器。

固定接收器

调整

❷ 地点选择好后，在支撑物上按接收器底角尺寸，打4个孔固定接收器。

电缆可以参照护套线敷设的方法固定。

❸ 设备连接好后，接通电源，将电视选择在视频1，出现"中国卫星电视"字样，表示线路工作正常。

❹ 按下遥控器菜单选择，调整接收器的仰角和转角，使屏幕上"信号强度"和"信号质量"最大。整个安装过程结束。

### 4.2.5 网线的安装

#### 1. 接线盒位置的移动

镂槽

预埋八角盒

❶ 在新盒位与原盒位墙上凿沟，沟的深度为埋入电线管距墙皮10mm以上。

❷ 在新盒位与原盒位敲落孔之间插入电线管。

## 2. 水晶头的安装

剪断多余保护层

❶ 用专用剥线钳将外保护层剥掉。

分线

❷ 将4组芯线拨开，按白橙、橙、白蓝、蓝、白绿、绿、白棕、棕的顺序排列。

剪断余线

❸ 扳直后留足2mm，在剥线钳上将余线剪掉。

插入水晶头

❹ 将芯线按顺序插入水晶头，插牢。

压牢

❺ 用剥线钳的缺口压一下水晶头，使其接触良好。

## 4.3 安全防范系统的安装

### 4.3.1 防盗报警系统的安装

#### 1. 门磁开关的安装

磁铁件

门框

门扇

底座安装

❶ 明装无线门磁开关时，先把干簧管和条形永久磁铁底座分别安装在门扇或门框边上。注意控制两者的安装距离，使其符合产品规定。

开关件

面罩安装

❷ 装上干电池，这时打开门，应发出警报声，然后扣上面罩即可。安装时应分别在两部位镂槽，固定在槽内。

#### 2. 玻璃破碎探测器的安装

窗框

安装传感器底座及接线

❶ 将声电传感器正对着警戒的主要方向，在距离窗框5cm左右将传感器底座固定好。

窗框

安装面盖

❷ 安装面盖。探测器不要装在通风口或换气扇的前面，也不要靠近门铃。

窗框

安装探测器

❸ 将探测器用玻璃胶固定在传感器正下方玻璃上。

### 3. 红外探测器的安装

安装传感器底座 | 安装传感器 | 壁挂接收器

❶ 在离地面2.0～2.2m，远离空调、冰箱、火炉等空气温度变化敏感的地方打孔，安装底座。

❷ 将传感器插在底座上，并调整与墙壁角度，约15°。

❸ 接收器应挂壁安装在主人活动区域，位置应靠近插座。

### 4. 被动红外探测器的安装

（1）方式选择。

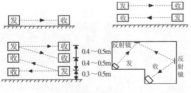

布置方式

根据保护需要选择布置方式，探测器不宜面对玻璃门窗，不宜正对冷热通风口或冷热源。

（2）安装方法。

安装底板
① 钢管固定在水泥基础上，用厂家提供的抱箍固定在钢管上。

接线
② 导线的敷设可根据需要选择，引入地下时采用保护管。

安装面罩
③ 调试完成，安装面罩。

5. 被动式红外探测器的安装

（1）安装位置。

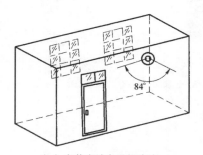
（a）安装在墙角监视窗户

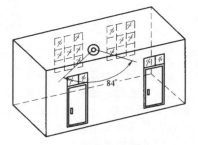
（b）安装在墙面监视门窗

被动式红外探测器的安装位置

要注意探测器的探测范围和水平视角。其可以安装在顶棚上（横向切割方式），也可以安装在墙面或墙角，但要注意探测器的窗口（透镜）与警戒的相对角度，防止出现"死角"。

（2）安装方法。

安装传感器底座

❶ 在高度为2～2.5m的位置用膨胀夹将底座固定。

安装面盖

❷ 将探测器背部插口插入支架，拉出电源隔板。

### 6. 双鉴探测报警器的安装

安装底板

❶ 选择无障碍位置，打孔安装底板，注意底板仰角约45°，以便使两种探测器均能处于较灵敏的状态。

安装主板

❷ 将电路板安装在底板上，并按说明书正确接线。

安装面罩

❸ 安装面罩。

## 7. 气体报警器的安装

探头安装

❶ 钢管支架安装时，探头应安装在接线盒上，沿墙（棚）卡箍安装，可直接固定在棚上。

过墙

❷ 钢管过墙应预留孔洞，配管后用防火材料封堵。

进入槽板

❸ 钢管进入槽板应使用挖孔器挖孔，不能使用气焊开孔。

吊装

❹ 钢管过梁应使用角钢吊架。

报警器安装

❺ 报警器与管连续安装，可使用软管连接。

报警器安装

❻ 报警器与管断续安装，管头使用防爆胶泥封堵。

### 4.3.2 门禁对讲系统的安装

1. 对讲门铃的安装

（1）户内机安装。

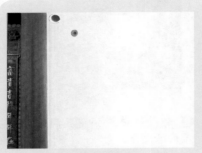

确定安装位置

❶ 塑料胀管明装高度1.3～1.5m，在门旁安装时穿线孔要加装保护管。

电话机安装

❷ 明配线可以参照护套线配线方法进行，暗配线可以参照塑料管暗配线方法进行。

（2）室外机安装。

底座安装

❶ 将底板安装在塑料膨胀管或木榫上。门口安装完毕后，要有防雨水措施。

主机安装

❷ 将户外主机扣在底板上。

## 2．指纹机安装

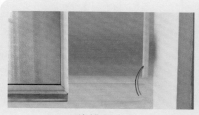

线槽配线

❶ 电源线与信号线应同槽（或管）敷设，应符合设计图样的要求及有关标准和规范的规定。

钻孔

❷ 在1.3～1.5m位置打孔放置膨胀夹。

安装指纹机

❸ 将主机固定在膨胀夹上。

连接电源

❹ 接通电源进行调试。

## 3．楼宇对讲系统对讲机的安装

（1）室外机安装。

室外机安装

室外机采用暗装，预留孔洞明配线可以参照护套线配线方法进行，暗配线可以参照塑料管暗配线方法进行。

（2）室内机安装。

线头制作

❶ 线头制作参照网线安装方法。

底座安装

❷ 对讲户内机明装时可用塑料胀管固定，暗装时直接固定在八角盒上，安装高度1.3～1.5m。

面罩安装

❸ 将水晶头插入插口，安装面罩。

调试

❹ 插上话筒水晶头，楼下按下对应数字说话，上边能听到，按下开关，电子锁应动作。

### 4.3.3 无线巡更保安系统的安装

墙上胀夹安装

❶ 信息钮在墙上安装时可用膨胀夹固定，其高度为离地面1.3～1.5m处。

配电箱拉铆钉安装

❷ 信息钮在重要设备上安装可用拉铆钉固定。安装应牢固、端正，户外应有防水措施。

(a) 计算机　(c) 数据线
(b) 编码片
(d) 传送单元　(e) 手持读取器

无线巡更器的组成

❸ 用数据线连接计算机和传送单元。

### 4.3.4 摄像头的安装

1. 柱上安装

柱上膨胀螺栓固定

❶ 摄像头柱上安装可使用膨胀螺栓固定云台。

柱上膨胀夹固定

❷ 轻型摄像头也可使用膨胀夹固定云台。

## 2. 墙上安装

 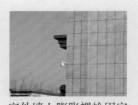 

室外墙上膨胀夹固定

❶ 轻型摄像头可以使用膨胀夹直接固定。

室外墙上膨胀螺栓固定

❷ 重型摄像头可以使用膨胀螺栓固定。

室内木榫固定

❸ 室内墙上安装还可以使用木榫固定。

## 3. 杆上安装

柱上膨胀螺栓固定

❶ 杆上支架安装应制作混凝土基础，云台直接固定在杆头上。

柱上膨胀夹固定

❷ 杆上吊装，应制作支架以固定云台。

## 4. 屋顶安装

平屋顶安装可以用膨胀螺栓直接固定，斜屋顶安装应制作支架。

# 第5章

## 电气安全

## 5.1 安全用电常识

### 5.1.1 用电注意事项

1. 不可用铁丝或铜丝代替熔丝

由于铁（铜）丝的熔点比熔丝高，当线路发生短路或超载时，铁（铜）丝不能熔断，失去对线路的保护作用。

不能铜丝代替熔丝

2. 不要移动正处于工作状态的家电

洗衣机、电视机、电冰箱等家用电器，应在切断电源、拔掉插头的条件下搬动。

拔掉插头搬家电

### 3. 接触家电手应干燥

平时应注意防止导线和电气设备受潮，不要用湿手摸灯泡、开关、插座及其他家用电器的金属外壳，更不能用湿抹布去擦拭。

用干抹布擦灯泡

### 4. 晒衣服的铁丝不要靠近电线

以防铁丝与电线相碰，更不要在电线上晒衣服、挂东西。

电线附近晒衣服

### 5. 换灯泡应站在绝缘物上

更换灯泡时要切断电源，然后站在干燥木凳上进行。

站在木凳上换灯泡

### 6. 正确使用绝缘带

严禁用医用胶布代替绝缘胶带

发现导线的金属外露时，应及时用带黏性的绝缘黑胶布加以包扎，但不可用医用白胶布代替电工用绝缘黑胶布。

### 7. 插座接线正确

插座"左火"是错误的

电源插座不允许安装得过低和安装在潮湿的地方，插座必须按"左零右火"接通电源。

### 8. 开关控制相线

灯座螺口接中性线

照明等控制开关应接在相线（火线）上，而且灯座螺口必须接中性线。严禁使用"一线一地"（采用一根相线和大地做中性线）的方法安装电灯、杀虫灯等，防止有人拔出中性线造成触电。

### 5.1.2 常见触电形式

#### 1. 单相触电

变压器低压侧中性点直接接地单相触电示意图

变压器低压侧中性点直接接地系统，电流从一根相线经过电气设备、人体再经大地流回中性点，这时加在人体的电压是相电压。其危险程度取决于人体与地面的接触电阻。

#### 2. 两相触电

两相触电示意图

电流从一根相线经过人体流至另一根相线，在电流回路中只有人体电阻。在这种情况下，触电者即使穿上绝缘鞋或站在绝缘台上也起不了保护作用，所以两相触电是很危险的。

#### 3. 跨步电压触电

潮湿地面　漏电导线

跨步电压触电示意图

如输电线断线，则电流经过接地体向大地做半环形流散，并在接地点周围地面产生一个相当大的电场，电场强度随离断线点距离的增加而减小。

距断线点1m范围内，约有60%的电压降；距断线点2~10m范围内，约有24%的电压降；距断线点11~20m范围内，约有8%的电压降。

### 4. 雷电触电

雷电触电示意图

雷电是自然界的一种放电现象，在本质上与一般电容器的放电现象相同，所不同的是作为雷电放电的两个极板大多是两块雷云，同时雷云之间的距离要比一般电容器极板间的距离大得多，通常可达数千米，因此可以说是一种特殊的"电容器"放电现象。除多数放电在雷云之间发生外，也有一小部分的放电发生在雷云和大地之间，即落地雷。就雷电对设备和人身的危害来说，主要危险来自落地雷。

落地雷具有很大的破坏性，其电压可高达数百万到数千万伏，雷电流可高至几十千安，少数可高达数百千安。雷电的放电时间较短，只有50～100 μs。雷电具有电流大、时间短、频率高、电压高的特点。

## 5.1.3 脱离电源的方法和措施

### 1. 触电者触及低压带电设备

拉开刀开关

拔除电源插头

站在木板上拉开
触电者示意图

❶ 救护人员应设法迅速脱离电源，如拉开电源开关或刀开关。

❷ 拔除电源插头，或使用干燥的绝缘工具，干燥的木棒、木板等不导电材料解脱触电者。

❸ 救护人站在绝缘垫上或干木板上，抓住触电者干燥而不贴身的衣服，将其拖开。

## 2. 触电发生在架空杆塔上

用木棒挑开电源示意图

找到断点抛挂短路线

❶ 如为低压带电线路，若可能立即切断线路电源的，应迅速切断电源，或由救护人员迅速登杆，用绝缘钳、干燥不导电物体将触电者拉离电源。

❷ 如为高压带电线路又不可能迅速切断电源开关的，可采用抛挂临时金属短路线的方法，使电源开关跳闸。

## 5.2　触电救护方法

### 5.2.1　口对口（鼻）人工呼吸法步骤

#### 1. 取出异物

触电者呼吸停止，重要的是确保气道通畅，如发现伤员口内有异物，可将其身体及头部同时偏转，并迅速用手指从口角处插入取出。

取出异物

#### 2. 畅通气道

可采用仰头抬颏法，严禁用枕头或其他物品垫在伤员头下。

畅通气道

#### 3. 捏鼻掰嘴

救护人用一只手捏紧触电人的鼻孔（不要漏气），另一只手将触电人的下颏拉向前方，使嘴张开（嘴上可盖一块纱布或薄布）。

捏鼻掰嘴

### 4. 贴紧吹气

贴紧吹气

救护人做深呼吸后，紧贴触电人的嘴（不要漏气）吹气，先连续大口吹气两次，每次 1～1.5s；如两次吸气后试测颈动脉仍无搏动，可判定心跳已经停止，要立即同时进行胸外按压。

### 5. 放松换气

放松换气

救护人吹气完毕准备换气时，应立即离开触电人的嘴，并放松捏紧的鼻孔；除开始大口吹气两次外，正常口对口（鼻）呼吸的吹气量不需过大，以免引起胃膨胀；吹气和放松时要注意伤员胸部应有起伏的呼吸动作。吹气时如有较大阻力，可能是头部后仰不够，应及时纠正。

按以上步骤连续不断地进行操作，每分钟约吹气12次，即每5s吹一次气，吹气约2s，呼气约3s，如果触电人的牙关紧闭，不易撬开，可捏紧鼻，向鼻孔吹气。

### 5.2.2 胸外心脏按压法步骤

#### 1. 找准正确压点

步骤1

❶ 右手的中指沿触电者的右侧肋弓下缘向上，找到肋骨和胸骨接合处的中点。

步骤2

❷ 两手指并齐，中指放在切迹中点（剑突底部），食指平放在胸骨下部。

步骤3

❸ 另一只手的掌根紧挨食指上缘置于胸骨上，即为正确的按压位置。

#### 2. 正确的按压姿势

胸部按压法示意图

❶ 以髋关节为支点，利用上身的质量，垂直将正常成人胸骨压陷3~5cm（儿童及瘦弱者酌减）。

❷ 按压至要求程度后，立即全部放松，但放松时救护人的掌根不得离开胸壁。

❸ 其标志是按压过程中可以触及颈动脉搏动为有效。

❹ 胸外按压应以均匀速度进行，每分钟80次左右，每次按压与放松时间相等。